好個
獨孤九劍
求罐罐

人生勝利組

笑看金庸

職場套路

現學現賣

一個金庸迷的職場修練之路

年少時，金庸武俠於我而言，完全是獨立于現實生活之外的另一時空，是理想國、烏托邦，也是我的秘密精神家園。

有幸接觸到金庸小說，不能不提我的父親。他是個武俠迷，金庸、古龍、梁羽生、黃易、溫瑞安等人的作品都有所涉獵，相對來說，他最迷的是梁羽生。

很多年來，他並不知道我對武俠小說的所有興趣都是他無意間啟蒙的，甚至不知道我在小學時就偷偷地看過他借來的《七劍下天山》。

小學時，連看課外書都是父親明令禁止的，更別提言情、武俠小說了。「上有政策，下有對策」，我的學習成績一直沒掉線，武俠小說更是沒少看。

待他正式知道我曾經熟讀各類武俠小說時，我已經開始大言不慚地寫起跟武俠小說相關的評論來，還試著用現代詩的形式寫過金庸小說的女主角，甚至滿懷豪情依葫蘆畫瓢地寫起武俠小說來，但從來沒有真正完成過任何一部。

我和父親討論過武俠小說，可惜我們之間有著嚴重的意見分歧，我和他分別作為金庸、梁羽生的粉絲爭論得面紅耳赤，從此再不能心平氣和地在同一張桌上談論各自的「愛豆」。我深深地感激父親借來的那套《七劍下天山》，這是為我打開武俠世界大門的第一本書。從此，一看到武俠小說我就會兩眼放光、心跳加快，這跟少女見到心上人的心情大概沒什麼兩樣吧。

第一次看到金庸的小說是上初一的時候。當時在親戚家裡我看到幾頁散落的書頁，講的是包惜弱救完顏洪烈那一段。那些書頁被我翻來覆去讀了無數遍，但就是找不到全本，而且連書名都不知道，心裡那種失落無以復加，簡直就是郭襄在華山之巔目送楊過與小龍女攜手遠去時的心情，不知道今生今世還能不能再見。

我比郭襄幸運得多，沒過幾年，我就看到了金庸先生的經典作品《射雕英雄傳》，重讀到包惜弱救完顏洪烈那一段時，激動得忘記將被子捂住手電筒的光，從而不幸暴露了自己。這大概是中學時代偷看武俠小說的都曾有過的經歷吧。

那時候，讀金庸小說其實讀得懵懵懂懂的，更多地被曲折離奇的故事情節所吸引。我整天都在想，洪七公到底有沒有把降龍十八掌都教給郭靖？倚天劍、屠龍刀裡到底藏了什麼秘密？胡斐那一刀到底有沒有向苗人鳳砍下去？

上大學後，我去圖書館借的第一本書是三聯版的金庸小說，還曾發宏願——將來有錢了一定要買一套《金庸全集》。當時中文系的女生，要嘛跟著《世界文學史》、《中國文學史》的教學進度去讀《巴黎聖母院》《安娜·卡列尼娜》或者《紅樓夢》，要麼打通文史哲的界限，去看黑格爾和呂思勉之類，這些都是正統。而我卻獨自沉迷金庸武俠小說，顯得特別不務正業。那時舍友們覺得我上的不是中文系，而是「金學」系，一讀金庸「誤終身」。我也常自嘲是專業讀金庸的業餘選手，一百分的熱忱讀書，可是收穫的並且能輸出的有幾分呢？

最能讓人感慨時光飛逝的情境之一，大概便是在不同年紀讀同一本書。第一次看到《射雕英雄傳》幾張散落書頁的時候是十一歲，初讀包惜弱救人那段時的所見所思，與後來二十一歲、三十一歲等每一個不同時段重讀時的所見所思，迴然不同。

年少時的世界觀，簡單而純粹。人到中年，透過文字，看到真相，看到人性，甚至會感受到作者寫這段文字可能會有的心境。以上拉拉雜雜說這麼多，每一個金庸迷都不缺這樣的情懷和故事，這算是向大家證明了我確實是一個金庸迷。

2017年，我跟朋友天門冬開始一起重讀金庸小說，利用業餘時間為我們的公眾號「她安 safety」寫文章。那時候，我在職場上正經歷一場前所未有的心靈煎熬。我沒有更好的排遣方式，就借助金庸小說裡的人和事來表達自己的心事，借字澆愁，無比犀利。我最喜歡寫的人就是令狐沖，寫了幾篇後，天門冬覺得很好看，就鼓勵我寫成系列。

我在朋友們眼裡是那種精力旺盛、愈挫愈勇的人，很快我就興致勃勃地為自己構建了一個宏大的計畫：我要將最近幾年重讀金庸小說時讀出來的感悟寫成一本書！

於是，我每天把自己扮成不同的小說人物，去體會他們的經歷，去揣摩他們的內心戲。天門冬說我如果是演員，一定就是那種體驗派。是的，我想知道我要演的人物到底經歷了什麼，想法是什麼。我也是用這種感覺來寫文章的。

當我把自己變成令狐沖時，從他的職場不順遂，我看到了一個性情耿直的年輕人在職場上受到主管排擠時的種種窘迫感。

當我把自己變成程靈素時，從她與同門師兄師姐的斡旋中，我看到了一個職場人士應該有的智慧，懂得平衡關係，也懂得分清界限。

當我把自己變成虛竹時，從他收到兩大公司的錄用信、面臨職場選擇時的糾結中，我看到了一個貌似保守的年輕人對自己的明確認知以及所做出的職場最優解。

當我把自己變成喬峰時，從他的職場晉升經歷中，我看到了現實的殘酷：有時候，你真的需要付出常人數倍的時間與精力、做出常人數倍的業績後，才可能獲得認可。

如果把他們都看成職場人士，那麼他們曾經面臨的很多困境，比如跟師父的上下級關係，跟師兄弟及其他門派的內部或外部的競爭、合作關係，比如怎樣規避發展中的問題，怎樣提升自己的核心競爭力等，這些都跟我們的職場情境並無不同。因此，他們就像一面面鏡子，折射出我自己身上的錯誤和問題。而層層剖析後，他們的經驗與智慧又值得我學習。

這本書稿我斷續地寫了一年多，做過幾次大刀闊斧的修改，因為今日之我非昨日之我，我的很多認知也隨著時間變化而刷新。

非常感謝天地出版社的張萬文老師和霍春霞老師不辭辛勞的付出和給予的巨大精神力量，幫助我堅持寫完這本書。我也感謝二十多年來反覆讀過的金庸小說，正是這些閱讀積累，使我今天借小說故事做了關於職場深刻持久卻並不成熟的思考，並且成功地脫離了職場逆境，同時這也為我每天的工作輸送了源源不斷的動力，幫助我一步一個腳印地在職場上找到了更多的成就感。

整個寫作過程使我感到振奮，因為我從一些小說人物身上找到了共鳴，這也是我為什麼會用大量篇幅去反思小說人物人生失意、「職場」失意的原因——比如，張翠山的逃避、丘處機的張揚、慕容復的錯誤策略、包不同的抬槓——他們身上的種種毛病，多麼像職場迷茫期的我！

同時，我也去思考和分析江湖最牛門派、最牛武林人士的成功因素，他們不斷探索、升級自己的武功是為了確保自己的江湖核心競爭力，這給我帶來很多職場啟示。每個人的職場失意或成功難道不都是自己的格局、處世方式、能力、心態等綜合因素所決定的嗎？我不也是需要精進，需要修煉，需要反覆運算更新自己的認知嗎？

每一部金庸小說寫的哪裡只是刀光劍影，哪裡只是愛恨情仇，分明就是一本本珍貴的職場「九陰真經」、職場「降龍十八掌」、職場「六脈神劍」，全看你的揣摩和修煉了。

但願每個讀到這些文字的人都跟我一樣獲得力量，終有一天也能笑熬職場！

目錄

CONTENTS

01

第一章　選擇比努力更重要

02

第二章　搞清楚你輸在哪裡

03

第三章　如何與長官愉快相處

04

第四章　要人緣也要邊界

05

第五章　職場到底怎麼「混」

06

第六章　職場不相信眼淚

07

第七章　沒有核心競爭力混什麼職場

08

第八章　資源和本事，一樣都不能少

位置
早晚我會
要回來

CHAPTER 1

選擇比努力更重要

第一章

職場有無數的可能性，不同的選擇帶來不同的結果。當機會來臨，能迅速在各種選項中找到最優解的人，常常能笑都最後。

虛竹的職業路徑設計

拿到逍遙派和靈鷲宮兩份錄用信之前的虛竹（《天龍八部》中的人物）是少林寺的一名普通和尚，正按部就班地在自己的職業路徑裡努力工作著。他看似笨拙，不引人注目，實則比大多數年輕人更多幾分穩重、踏實。

如果沒有意外，虛竹的職業規劃就是在少林寺這樣超大型武學機構裡一直待下去，這可是吃了秤砣鐵了心。他不能理解為什麼在有些年輕人眼裡跳槽就那麼好玩。用一個時髦的詞說，這就是虛竹的職業錨（Career anchors）。他覺得，偌大的江湖，只有武當派可以與少林寺相提並論，所以，既然職業生涯的起點都到了聖母峰腳下，那就只需要努力往上攀登直至山頂就好了，又何必轉而去爬其他不知名的小山頭呢？

虛竹很在乎自己少林寺和尚的身份，畢竟少林寺是名門正派、行業巨擘，不是普通的江湖小門派可比的。就如同剛剛科班畢業的普通家庭出身的孩子，憑自己的本事進了一家五百強大企業，跟人說起來，也會非常有面子。同時，虛竹對自己有清醒的認識，他瞭解自己的天資和能力、工作動機和需要、人生態度和價值觀，因而將自己的職業路徑設計與少林寺牢牢地結合在一起。在他眼裡，離開少林寺去尋求新發展是一件非常荒謬的事情。

大公司的吸引力，對於虛竹和我們大多數普通人來說，都是難以抗拒的。畢竟大公司有那麼多優勢：首先可以給你帶來不一樣的面子和眼界，你可以穿著正裝行走在繁華地段最高檔的辦公大樓裡，上班環境的格調比咖啡店還好，下午茶、咖啡隨便用。

其次是經濟回報上的，不說年終和股利配息，連開年會都可能是出國遊。最最重要的是在大公司裡，個人能力的提升和職場發展幾乎具有無限性，因為只有在這裡工作你才有機會和行業菁英們共事，向行業內頂級的頭腦學習。

虛竹在少林寺只是個最底層的小和尚，像他這樣的小和尚在少林寺要多少有多少。一年到頭，連上級主管的一句誇獎都沒聽到過，更沒有拿到過上司發的紅包。而且在很多江湖人士的眼裡，他看起來明明就是迂腐的普通和尚，全然不像聞名天下的少林和尚。在別人眼裡，大公司裡的競爭制度和人際關係既現實又殘酷，而在虛竹眼裡，這就是最理想的職場，只要踏踏實實，總有一天能一鳴驚人、一飛沖天。誰都有職場菜鳥期，不過是時間長短不同而已。武功不如人、修行不如人、顏值不如人的虛竹從未氣餒，他的信念也從來沒有垮掉。

按照虛竹的職業路徑設計，最理想的狀態就是未來有一天能坐上中層管理者的位置。如果能以中頭彩的機率做到某院首座或者方丈，那簡直就是世界上最完美的人生了，沒有之一。虛竹所有的努力都是圍繞少林寺的工作任務展開的，他孜孜不倦，心無旁騖，從來不會像別人那樣這山望著那山高，騎驢找馬。

虛竹的職業生涯出現轉折，是在收到兩份突如其來的錄用通知後，這都是請他去做CEO（首席執行長，以下簡稱CEO）的。換成一般人，其實一眼就能看明白其中的利益得失：從公司的基層員工一飛沖天直接執掌兩大門派，未來大展鴻圖是完全可以預見的，這真是千載難逢的好機會啊。但這明顯偏離了虛竹的初心和職業路徑，於是他表達出強烈的抗拒。

虛竹拒絕的理由竟然只是他在少林寺幹得好好的，領導和同事們待自己恩重如山，離開這裡簡直是不仁不義、不忠不孝。他的反應讓逍遙派和靈鷲宮兩大門派的人十分震驚，做兩大門派的首領，難道還沒有做少林寺底層小和尚更有吸引力嗎？難道我們承諾的職位不夠高？給的薪水福利不夠好？這個年頭還有高薪高職位聘不來的人才？

很多人暗暗地想，兩大公司的錄用通知到手，正常人都不會回少林寺。在大公司裡做個寂寂無聞的後輩，還得熬多久才能熬出頭呢？如果永遠沒有機會晉升，難道在這裡當一輩子大頭兵嗎？虛竹似乎並沒有想那麼深，所以他才會死心塌地想著要為少林寺奉獻青春，並且打算在這裡終老一生。

雖說虛竹過去對外面的什麼逍遙派、靈鷲宮等都一無所知，但他見識過這兩大門派掌門人的本事，所以他並不是傻到不懂這兩份錄用通知的含金量，而是他不在乎。他也不是不知道，這是他進入另一條快速軌道的最好時機。因為在人才濟濟的少林寺裡，要一步步走向更高的職位，得「過五關斬六將」才能實現。而今有機會可以一步成為某家公司的高管，這真是中頭彩了。

虛竹不願意偏離自己最初的職業路徑，而且這些年他在少林寺也待慣了，業務熟悉，三觀和人生態度也跟周圍的一切再和諧不過。在大多數人眼裡，虛竹的執著或許很傻，但事實上我們又很難真的否定他在人生這一階段對職業路徑的依賴。

因為你的蜜糖可能就是他的砒霜，某次跳槽對你來說或許是時來運轉，對另一個人來說或許就是致命風險。對於一些性格沉靜踏實、不善於隨機應變的人來說，每一次跳槽都需要付出大量時間、精力才能適應新的環境，有時還不知道最終能不能適應下來。他們最怕的就是像被移栽的一棵樹，雖然人們盡最大努力提供了適宜的生存條件，但這棵樹最終還是適應不了新環境，死掉了。

虛竹在主觀意願上並沒有放棄自己的初心，尊重了內心的選擇，他依然願意在少林寺做個簡簡單單的小和尚，每天念經，歲月靜好。但是現實生活對他並不友好，陰差陽錯，他後來被迫離開少林寺。在這種情境下，他才不得不接受兩大公司的聘請，完成了從大公司底層小員工向小公司領導人的角色轉變。

這大約就是人們常說的計畫永遠趕不上變化吧。人生總有無數可能性，職場也是。職業路徑設計，有長遠規劃固然好，但也不能一成不變。沒有誰可以把人生一眼看到頭。在不同的階段、不同的際遇面前，要靈活地調整自己的職場路徑，讓自己適應得更快些、更好一點兒。

薛神醫的理性跨界

跨界是一件非常拉風的事情，古往今來，有本事且有錢有閒的人都喜歡玩這個。看著人家跨界後在不相干的領域裡玩得風生水起，或賺名聲或賺錢財，很羨慕不是嗎？金庸小說中，桃花島主黃藥師（《射雕英雄傳》中的人物）就是個跨界高手，除了武功高，在琴棋書畫、醫卜星相等諸多方面都達到了專業級別。

跨界本身是好事情，但在現實中它最大的阻礙就是大家常說的要「專注做一件事情」。跟黃藥師齊名的西毒、南帝、北丐、中神通等人，基本上都不怎麼熱衷於跨界，一輩子紮紮實實在武學界不斷突破自己。就像現代企業裡，有的企業會在各個領域大膽嘗試，哪裡熱門就跨界做什麼；而有的企業則在幾十年裡只專注一件事，要嘛做熱水器，要嘛做空調，跨界的事情他們不玩。

小說中，像郭靖（《射雕英雄傳》中的人物）這樣的武林高手，雖然武功不錯，人品不錯，但才華相對有限，所以他一輩子只是踏踏實實去奔一個目標，他再明白不過：一生中能把一件事情做好、做到自己能達到的極致，其實就已經是人生大贏家了。哪裡有時間和本事再在其他領域發展？又哪裡一定需要成為跨界高手？

所以，不管在哪個次元裡，跨界都不是一件容易的事情。按正常的理解，跨界時兩個領域之間的跨度越大，難度通常就越大。武林高手中，黃藥師是少有的天賦異稟者，他不但熱衷跨界，而且跨度特別大，樣樣都做到了極致，這對我們普通人跨界來說完全沒有參考價值，因為灌再多的雞湯也不能把我們培養成黃藥師，也不能提高我們盲目跨界的成功率。

理性的人跨界如果一直保持理性的話，那麼在跨界這種大事上也會非常謹慎。《天龍八部》裡的跨界醫生——薛神醫就是一個代表。薛神醫醫術了得，如果某種疾病他說治不了，那基本全天下就沒人能治了。這種高手通常精力、智力超越常人，所以他並不甘於只做一名醫生，跨界意識非常強烈。

薛神醫在小說中只是個十八線的小配角，沒有主角光環，所以他的跨界都是紮紮實實花費時間和精力來慢慢實現的。有一點我們得知道，薛神醫的智商非常高，據說他在做醫學生的時候就是個學霸，幾乎毫不費力就掌握了醫學專業知識；做醫生後也是舉重若輕，江湖上幾乎沒有難得住他的疑難病症，於是他就把更多時間「浪費」在了自己喜歡的事情上——跨界學武功。

想想這是多麼自在、多麼令人嚮往的一種人生態度啊。一個醫生想跨界成為武林高手，看起來二者之間橫著一道銀河，挺不容易的。

薛神醫可不是盲目跟風趕時髦的人，他有智商加持，而且理性思維也隨時在線，他把跨界這件事情當成了一個系統工程來做。他首先安排好時間、精力向跨界的新領域學習。薛神醫的職業決定了他有很好的社會資源——他跟很多武林高手有交集，「他愛和江湖上的朋友結交，給人治了病，往往向對方請教一兩招武功。對方感念他活命之恩，傳授時自然決不藏私，教他的都是自己最得意的功夫。」這樣，他在學武功上有很大便利，跨界的成功率就大大提升了。

其次，薛神醫還有一樣大本事——社會活動能力，這一能力將他的資源完美地融合起來，推動了他的跨界。有一個小故事可以說明薛神醫在武學界其實也已經混得如魚得水了。有一次，他用自己的社會影響力為師父、師祖辦事，廣撒英雄帖，還在各種江湖媒體上做宣傳，然後舉辦了一場武林超大型聚會。

這個活動他本人幾乎沒花一分錢，因為他拉到了贊助商：中原的兩位土豪兄弟免費提供場地、提供酒水等，還負責提供了英雄帖的設計、印刷，雇用快遞小哥投遞英雄帖的人工費用。這個活動辦得怎麼樣呢？非常成功，規模之大，來賓之多，超乎贊助商的想像。

薛神醫醫術一流，武功究竟算不算一流，書上沒說，不好推測，但是武學界人士都是認可他的。所以，他最終實現了從醫學向武學的完美跨界，這大概得益於他的跨界規劃和善於整合資源的能力。

數位網路時代，跨界更是紅紅火火。那麼多的雞湯文都在鼓勵我們去跨界，這個詞剛火的時候，我認識的一位高層就在給員工瘋狂推薦相關圖書，後來他們公司裡所有人言必稱跨界。但跨界的事情最後怎麼樣了呢？據說只是他們公司的一時風潮而已，風潮一過，大家就不提了，因為沒有人做出明確的跨界計畫。想來跨界終究不是喊幾句口號，在短期內就可以輕易實現的。

大多數的跨界當然是動真格的，並不是為了圖個熱鬧或玩個開心，也不是蜻蜓點水玩個體驗就收手的。就像一家公司原本做房地產，突然跨界做金融，白花花的銀子投入了，無數股東期待著，在這樣的壓力下，跨界怎麼會只是玩一玩？對於個人而言，在某個領域熟悉得閉著眼睛都能幹好，突然跨界到新領域一試身手前，是不是得先問問自己對新領域有多少瞭解、有什麼樣的資源？

但凡理性尚存的人，自然就不會以成為一名跨界高手為目標。只有忽略自己的才能、時間、精力、資源的人，才會被跨界風潮吹得七葷八素，盲目地告訴自己：「衝呀！我要跨界，我也要像黃藥師那樣，除了是個武術名家，還能做專業音樂人、一流棋手。」成年人做任何事情都會考慮成本，跨界的事情如果成本和回報比例嚴重失調，就應該及早放棄。成年人即便有條件跨界，也多是往相近的領域去切入，投入的時間和精力相對小，也比較容易出成績。

就像薛神醫跨界，他不會像黃藥師一樣去研究琴棋書畫和醫卜星相，而是結合自己的興趣和資源，向武學界跨界。不要看著人家褚時健跨界種柳丁都能成就大生意，就想當然地認為我們隨便種個什麼水果也能成功。人生中的成功從來沒有「隨便」二字。別人看起來毫不費力做成的事情，也是背後付出巨大努力才換來的。

不是說跨界不好，當下的時代裡沒有跨界思維也是很可怕的，很多傳統領域和新興領域之間的距離在愈變愈小。不好的是盲目跟風，為跨界而跨界，沒有結合自己的優勢，也不能整合自己的資源。這樣的跨界，成功概率微乎其微。世界上從來都沒有無緣無故的跨界，所有成功的跨界都需要精心準備和各種充分條件。

重新定位：殷天正與明教的大和解

在《倚天屠龍記》裡，曾經有一道難題，擺在天鷹教 CEO 殷天正的面前：老東家明教集團陷入發展危機，向他發來了一封誠懇的求助信。

這件事非常棘手，需要考慮要不要和解一段關係。先來看一下殷天正和老東家的恩怨：殷天正離開明教是二十多年前的事情。當年，他在明教的發展已經到了天花板，而明教本身也開始變得千瘡百孔、弊病叢生，他認清形勢後果斷辭職離開。沒過多久，他便一手創辦了天鷹教。

一個野心勃勃、年富力強的人是不會甘心懷才不遇過一生的。創業以來，無論在業務上還是個人交情上，他跟明教幾乎沒有任何來往。明教的同事對他不但沒什麼特殊優待，其中一個同事還砸過他的場子。更讓人心裡不舒服的是，這位同事還揚言就是想警告一下殷天正，「讓他知道離開明教之後，未必能成什麼氣候」

「人若犯我，我必犯人」殷天正的人生哲學裡顯然沒有這一條。世界雖大，圈子不大，兜兜轉轉，估計不遠的未來還得江湖再見。因此，無論被砸場子後的心理陰影面積有多大，終究還是涵養深，殷天正對這一切都忍住了，並沒有去興師問罪，他並不想把關係鬧僵，畢竟「凡事留一線，日後好相見」。

誰知道今天，明教竟然又派人來「撩」他說：這麼多年不來往，咱們和解吧，從此還是相親相愛一家人。於是，球便踢給了殷天正——就看你怎麼接了。老東家明教放低身段主動來和解，殷天正再清楚不過這是什麼用意，這是當家領導的智慧。過去二十年裡，很多優秀員工先後離職，明教簡直就是一座人力資源大金礦。明教如果用好潛在的這座礦，那麼眼前的困難即使再大，也都不是事兒。

要不要去和解這段關係，這是個難題。很多人會替殷天正想，受了這麼多年苦，誰要聽你一句「咱們和解吧」？冤家宜解不宜結，道理都懂，做起來卻難。不信，問問華山派的氣宗和劍宗，原本是一家，可為什麼永遠只能你死我活？問問無量劍派的東宗和西宗，為什麼只能是五年一比賽，輪流做莊家？坐在談判桌前，將利益各讓一步然後簽下停戰書？

人與人之間，或者個人與公司之間的和解，容易嗎？不容易。生活中、職場上常有這種事情，很多人不是過不了心裡那個坎，就是利益達不成，或者就是根本沒機會。對於殷天正來說，要不要接受這時隔二十年的大和解？明教把球扔過來了，是該傾力相救呢，還是事不關己高高掛起，或者乾脆是幸災樂禍看熱鬧呢，又或者是觀望一下再做決定？所以，他不能不對下一步棋做詳細的優勢劣勢分析。

俗話說，好馬不吃回頭草。就好比戀愛，既然分手了，大多也很難心平氣和地再去和解。個人和公司之間的關係也是這樣，當年既然選擇離開，通常就絕不會輕易回去。因為不論哪種形式的離開，都有不得不離開的原因。

不然，辭職的成本這麼高，誰會輕易辭職？真正的成年人，大多不會因一時衝動去辭職和跳槽。殷天正離開明教後，白手起家，辛苦十幾二十年，才把天鷹教辦得有了起色。現在如果回去，對於天鷹教來說，對於殷天正本人來說，有什麼好處呢？只憑一腔熱血和忠勇來決定接受不接受，這肯定不是一個成年人、一個企業領導人的行事模式。

殷天正最後決定接受和解，而且打算以全公司之力去支援明教。這莫名地讓人想起IT界的一些大佬之間的恩恩怨怨，有的人明明自己已經成為創業英雄，佔有了相當大的市場份額，什麼也不缺了，卻在老東家的邀請下回歸前公司出任董事長，將自己與前公司的命運又綁在了一起。

對於明教的領導來說，殷天正的決定實在算得上意外和驚喜，選擇和解的人是大英雄，應該趕緊讓明教宣傳系統好好宣傳，樹立榜樣。這樣，還可以引發前明教員工的回流潮，有利於明教未來的可持續發展。殷天正果然有示範效應，引發了一波回歸潮。

多少人邁不過去的坎兒，殷天正邁過去了；多少人達不成的利益，殷天正達成了；多少人做夢都得不到的機會，殷天正得到了。他輕鬆地完成了自己和明教之間的和解。對於辭職的人來說，回去有回去的好，不回去也有不回去的好；不是每個人都能回去，也不是每一種離職都適合回去。

殷天正與前東家明教的大和解成為江湖上的一段佳話。很多人百思不得其解，好好的一教之主，幹得風生水起的，又何必投到前東家的懷抱裡呢？而且在明教快「癱瘓」的時候，殷天正的回歸簡直是商業上的自殺行為。連明教的對手對此都感到震驚，有人還很友善地提醒殷天正：「天鷹教已脫離明教，自立門戶，江湖上人人皆知。殷老前輩何必蹚這渾水？」

殷天正從二十多年的制高點位置走下來，又重新做回大集團的高管，職業身份是一百八十度的大轉折。他似乎需要更大的勇氣接受角色轉變，其中首先挑戰的就是

「面子」。畢竟明教也只是給他恢復了過去的職務，排在他前面的還有好幾位高管。

其次就是要跟昔日有過不愉快的舊同事繼續共事，時隔二十多年，彼此能否心平氣和地親密相處、並肩作戰？

和解的基礎固然與殷天正的器量、格局相關，但也不排除與利益、自我定位和企業發展目標緊密相關。殷天正帶著已頗有影響力的創業公司回歸老東家，他對自我以及天鷹教顯然做了重新定位。首先，這種帶資金、帶人力的回歸，在老東家這裡的地位肯定與從前不能同日而語。其次，有望與老東家一起捆綁成擁有壟斷地位的行業巨頭，這對殷天正本人以及跟著一起重回明教的兄弟們來說，應該都會有利可圖吧？他要的是，在每個當下，他做的決定是有利於自己和身邊人的。

這個重新定位的決定，在某種程度上無異于現代中小企業創始人將自己的企業賣給上市公司。上市公司擴張了自己的規模，中小企業的發展也因此注入了雄厚資本。二者的利益點是共同的。這裡蘊藏著一個商界大佬的遠見卓識，或許此次奇貨可居，好比炒股，眼下就正是低價抄盤的好機會，布下一盤大棋，放下長線投資，坐等十年後的豐厚回報。

就這樣，一場震動江湖的大和解結束了，想看笑話也好，純粹圍觀也罷，欽佩主角的魄力和格局也罷，一切才剛剛開始。在每一個當下，我們都要有清醒的自我認知和明確的未來定位，至於未來究竟會怎麼樣，那就交給時間吧。

夢想家慕容復：選錯方向努力叫白搭

郭靖大俠的夢想是保家衛國，洪七公（與下文中的「江南七怪」均為《射雕英雄傳》中的人物）的夢想是打造和諧幫派，江南七怪的夢想是教書育人，而慕容復（《天龍八部》中的人物）有個巨大夢想——當皇帝。不想當元帥的士兵不是好士兵，在職場上也是一樣。不怕夢想遠大，只怕歷盡職場風雨後連夢想都沒有了。工作十幾二十年後，庸庸碌碌的你已經不知道自己是誰、在哪裡、到底在幹什麼了。

如果說職場上你是一個想當元帥的好士兵，那麼有了夢想之後，你會變得怎樣？要怎樣才能實現夢想？從士兵到元帥，還有很長的路要走。天上終究是沒有掉餡餅的時候，大多數人也沒有家族企業可以繼承，所以，抵達夢想的彼岸離不開找到一條正確的路徑，離不開持之以恒的堅持和努力。

先說說慕容復的遠大夢想。有的人家裡有皇位可繼承，而慕容復繼承的卻只是做皇帝的夢想。慕容家若干代以前的先祖是大燕國的皇帝，幾百年過去了，慕容家早已流落成平民百姓，但全家都堅持讓復國和皇帝夢在家族中代代傳承。

慕容復的老爹曾為這個夢想努力了大半輩子，可惜蹉跎了歲月後只好望子成龍。他把復國當皇帝的夢想接力棒傳給了慕容復，但沒有能力給兒子指出明確的戰略規劃，也無法提供強大的人力資源和資金，因為如果真有這些門道，那麼他傳承給孩子的就不是夢想，而直接是皇位了。

對於老爹來說，慕容復真是個好兒子。慕容復不光有夢想，也有才華，年紀輕輕時就已經將同時代的多數人遠遠拋在身後了。江湖上稱「北喬峰，南慕容」，這名聲可是慕容復自己靠實力拼出來的。看樣子，他爹把夢想寄託在他身上，一定是覺得成功機率還蠻大的。

慕容復被老爹賦予了光榮使命，老爹教導他說：咱們慕容家的祖先是大燕皇帝，所以咱們慕容家的男人未來是要復國當皇帝的。這也成了慕容復的人生定位和終極夢想。但至於這個定位對不對、符不符合自己的實際情況、有沒有可能實現，並不在考慮之列，因為他們祖祖輩輩都被這個夢想所激勵，根本就不在乎對錯。

的確，有很多人說他這是空想，他舅媽王夫人諷刺他們家人的皇帝夢是有病，連一直暗戀他、崇拜他的表妹對此也有看法，旁人就更當這是個大笑話。慕容復接到這樣的夢想訂單，不懷疑，也不後悔。對於那些不能理解他的人，他只是嗤之以鼻：燕雀安知鴻鵠之志。

如果換個心態來看慕容復，應該說人家有當皇帝的夢想其實並不丟人，為什麼要嘲笑呢？就好比說，我們要嘲笑那些想當元帥的士兵嗎？要嘲笑想當 CEO 的職場新人嗎？難道跟他們說：「你醒醒吧。小小一個士兵，還能當得了元帥？小小一個新人，還能當得了 CEO？哈哈哈。」有夢想不努力才丟人。一個人有夢想而且很努力，這是值得尊重的。問題是在實現夢想的路上，有時「謀事在人，成事在天」，努力過後，結果是幾家歡樂幾家愁。失敗的因素各種各樣，其中一個關鍵因素就是沒有找到正確的路徑。

如果從一開始，你選擇的方向是錯的，那麼跑得越快就錯得越厲害，甚至南轅北轍。這無論對於職場發展還是人生規劃來說，都是最可怕的。因為時光不會重來。很不幸，慕容復就屬於那種選錯了努力方向的人。

所以，與其說很多人瞧不起夢想家慕容復的夢想本身，不如說瞧不起他為了夢想而選擇的可笑途徑。話說，他的夢想就是零基礎組建一個國家，這跟大學生零起點創業不是同一個難度係數。建立一個國家是多麼宏大的夢想，就連成立個小公司，都得有資源和資金，還得有規劃和章程。而他面對宏大的夢想明顯只是一拍腦門，拉上幾個哥兒們註冊個公司就拼足牛勁開始做事了。沒有明確方向，也沒有任務規劃。要怪也得怪他老爹和祖上就沒想明白這個夢想要分幾步走，每一代人至少應該完成什麼樣的使命。三代養成貴族，當皇帝不更得花時間嗎？

慕容復的確很努力，是一個為實現夢想拼盡了全力的好青年。他常年不在家，幹什麼去了呢？一個幹大事的男人要四處找機遇，去招聘人才和融資。他的跟班們也常年在全國範圍出差，就這樣，一個慕容復加上四個跟班組成了「夢想無限責任公司」，就像吉卜賽人一樣四處跑著，天天販賣著夢想，希望吸納更多的志同道合者。

再看看他的復國大業的資金儲備，他的資金來源不過是在蘇州的幾百畝田產和數幢別墅。這點薄產大概連大理王國一個後花園也買不下來，用來招兵買馬又能耗多久？還想支撐到復國、坐上皇位？

對於一個相當漫長的創業過程來說，他的資金鏈是一定會斷掉的。

再說人力資源，開個小公司也要麻雀雖小五臟齊全，各個基本崗位都得有人。更何況不是開小公司，而是要憑空開創一個國家，更得有人才可用。劉備當上蜀國之主，不正靠的是手裡有人嗎？自己得會選人，更得會用人。慕容復選人用人這一項能力就不及格。他手下有四大跟班，卻一個比一個奇葩，有懟天懟地的槓精，有一言不合就要跟人拼命的莽夫，雖然人品都靠譜，但眼界、格局和能力確實不怎麼樣。你敢想像他們未來能幫助慕容復攻城掠地和治理國家嗎？

慕容復後來一直熱情地向江湖上的各種小小咖們兜售自己的夢想，跟他們建立聯繫，就是想著未來用人之際能有人可用。有道是，身邊的人什麼樣，你自己也就是什麼樣。段譽他爹為段譽留下了大理鎮南王府的四大護衛，有經驗、有智謀，也有武功。丐幫幫主喬峰手下的幾大長老都是天下一流高手，後來拜把子的義兄義弟們也一個比一個牛，都是皇帝圈子裡的。而慕容復身邊的隊伍就特別寒磣，不過是槓精、莽夫和江湖上的遊兵散勇，一群烏合之眾。

選拔人才的眼光不好，資金儲備又不雄厚，因此慕容復在全國販賣夢想時招聘到的人才確實乏善可陳，如果只是用來開個小公司或許能勉強過關，但要成就復國大業那就太欠缺了。

就好比說你連個程式設計的人才都沒有，怎麼好意思說要搞個 IT 公司？你連個寫作、經營人才都沒有，又怎麼有資本在新媒體行業裡競爭？慕容復雖然很拼，但一年年過去，同時代的年輕人早發生了翻天覆地的變化，當掌門的當掌門，做皇帝的做皇帝，只有他的夢想仍然只是夢想，既無進展，也無任何可以落實的規劃。

有道是，選擇比努力更重要。對於慕容復來講，如果能早早認清自己，正確定位，不早就有所作為了嗎？

像張三豐一樣定制未來的人生

少林弟子張君寶花了幾十年時間來化繭成蝶，成為天下聞名的武當派創派祖師張三豐（張三豐在金庸小說《神雕俠侶》與《倚天屠龍記》中登場，《俠客行》、《笑傲江湖》也略引述其事）。這個故事是我們喜聞樂見的勵志雞湯。作為雞湯文的主角，張三豐的成長過程有幾個噱頭非常吸引眼球，比如，他少年時經歷坎坷，愛情沒有修成正果，白手起家創建武當。

根據雞湯文的邏輯，「天降大任於斯人也，必先苦其心志」。成功人士要吃得苦中苦，方為人上人。這一點，張三豐完全達標。在他還叫張君寶時，他是少林寺俗家弟子，導師覺遠是個挑水的和尚，一生都沒有得到過職位晉升，只輪過幾次崗，從少林寺圖書館管理員、保潔員變成了挑水工，每天不停地挑水。導師地位尚且低下，小張君寶就更是人下人了，吃不飽、穿不暖、被人欺負也可想而知。在少林寺裡，少林方丈、達摩院首座等身邊的小弟子，待遇自然會比張君寶高得多。但以張君寶的品性，寧可跟師父當一輩子圖書館管理員、保潔員、挑水工，也不會揀高枝兒另投名師。

《紅樓夢》裡丫頭小紅跳槽攀高枝的技巧要說難也不難。草原上出來的放羊娃郭靖也是拜在天下聞名的丐幫幫主洪七公門下做了弟子後，能力和名聲才得以大大提升。大家不都在拼盡全力通過學測往知名度更高的學校裡考，通過跳槽進大公司謀求更好的職位嗎？對於普通人來說，要想成功，擠上一輛快車，總比自己光著腳丫子拼命跑更容易接近目標。

張君寶根本不知道這樣的捷徑，甚至都不能想像普通人通過搭上快車獲得逆襲的機會。他只是日復一日地重複勞動，導師的今天就是自己的明天，未來可以一眼望到頭。少林寺裡有很多底層弟子，他們的宿命可能就是在少林寺種一輩子菜，當一輩子伙食兵，或者掃一輩子地，挑一輩子水，一直這麼待下去。它終究是一份穩定的工作，任人說什麼「你所謂的穩定不過是浪費時間」。對很多人來說，不是不懂，更多地卻是不得已。沒有門路，當然只能先圖個安穩。

在雞湯文裡，人生也有精彩無比的起承轉合。張君寶同學被命運虐完第一輪後，就給了點兒福利。少林寺向來是藏龍臥虎之地，很有可能那些看起來普普通通的掃地僧、火工頭陀、挑水僧就是深藏不露的絕世高人。他的導師覺遠竟然就是這種傳說中的高手。導師博覽群書，學問淵博，不僅能背全本的武功秘笈《九陽真經》，而且武功精湛。

於是，幸運女神賞賜了張君寶《九陽真經》，以及超凡的見識、能力和格局，讓他即便是在做小小的圖書管理員和挑水工，看起來也自帶光環。但緊隨而來的是張君寶陷入第一次人生危機，命運必須再狠狠虐他一回，再不虐小張君寶可就長大了。這個危機真不小，少林寺將他和他的導師一起開除了。這還不夠虐，就在開除的當天晚上，他相依為命的導師去世了。少不更事的張君寶一下子被命運的大棒打懵了，不知道未來可以去哪裡、要做什麼。

虐完他後，命運又給了張君寶一大波福利。落魄的張君寶碰見了他的女神郭襄，在後來的傳說裡，他愛了這位女神一百年。在女神面前，他表達了自己內心的徬徨：「郭姑娘，你到哪裡去？我又到哪裡去？」

可惜的是，女神心有所屬。所以瀟灑明慧的郭姑娘不能回應張君寶的情感，只是裝出很老成的樣子，伸手拍了拍他的肩膀，說道：「別擔心，姐可以罩著你。」郭姑娘確實也善良，鄭重其事地為他指點了人生：「你可以去襄陽找我父母，我老爸是郭靖大俠，喜歡少年英雄，說不定他會收你做徒弟。唯一有個小問題，就是我姐的脾氣差了點兒，可能會欺負你，你稍微順著點兒她就好了。」

這是郭姑娘心中最為妥當的方案：人人都來抱我郭家大腿，只要你去我家，天大的事情，我爸都可以替你擺平。你看你這麼落魄，我老爸又那麼善良，肯定會收留你，你表現得乖一點兒，他還會收你做徒弟。他可是堂堂郭大俠，不輕易收徒弟的哦。

少年張君寶在悲痛之中聽從了女神的好意，想都沒想就一路向襄陽走去。可越走他這心裡就越明白自己未來的處境：依附郭家，成為郭靖大俠的弟子，雖然能免去流落江湖之苦，更是搭上了一輛快車，假以時日必能建功立業、揚名江湖，但他隱隱覺得這條出路很不對勁兒。

作為主角，怎麼會是依附他人的軟骨頭呢？於是故事反轉了：在武當山下，張君寶聽到一個農婦跟她男人說話，大意是我們有手有腳幹嘛要去投靠親戚，惹一身沒趣。張君寶深受刺激，馬上決定自力更生，就地住進一個山洞，開始專心習武。十幾年後，他白手起家創建了武當派。

這個意外遇見的農婦，一句平平常常的話，改變了張君寶的命運。如果沒有這個人、這句話，張君寶可能還是張君寶。很多人的人生被改變不都是這樣嗎？因為某個人、某句話，命運就悄悄發生了轉變。就像逃出全真教後走投無路的楊過遇見了小龍女，就像在草原上放羊的憨厚少年郭靖遇見了江南七怪……，這就是你猜得中開頭卻猜不著結尾的人生和命運。

假如張君寶只是張君寶，按照郭女神的指引去了襄陽，沒準兒就是下一個大武、小武，可以受著郭家大小姐的氣，窩窩囊囊地活著。又或許就是下一個楊過，跟郭家大小姐鬧矛盾，吵得天翻地覆，最後沒辦法又被郭家爸爸「放逐」到全真教去。

好在張君寶沒有這些假如，為自己定制了未來，他不肯寄人籬下，想要做個頂天立地的好男兒，自立門戶。

這個故事具有很多傳奇色彩，而從現實角度來分析，張君寶之所以最終成為武當創始人張三豐，當然不是只靠農婦一句話的點撥就能改變了命運的，而是由眾多因素的交匯，比如性格、眼界、胸襟、品行等，才成就了張三豐自己。就像楊康遇見過良師丘處機，遇見過益友郭靖，遇見過賢妻穆念慈，可又怎樣呢？命運向更好的方向發生轉折了嗎？沒有。

很多神人之所厲害，正是因為他們在生命中的重要節點上做了正確決定。歸根結底，一個人的人生過成什麼樣，不是別人影響了你、改變了你，而是你自己有了正確的認知和抉擇。

點破職場迷津

📖 人生總有無數可能性，職場也是。職業路徑設計，有長遠規劃固然好，但也不能一成不變。沒有誰可以把人生一眼看到頭。在不同的階段、不同的際遇面前，要靈活地調整自己的職場路徑，讓自己適應得更快些、更好一點兒。

📖 盲目跟風，為跨界而跨界，沒有結合自己的優勢，也不能整合自己的資源，這樣的跨界，成功概率微乎其微。世界上從來都沒有無緣無故的跨界，所有成功的跨界都需要精心準備和各種充分條件。

📖 天上終究是沒有掉餡餅的時候，大多數人也沒有家族企業可以繼承，所以，抵達夢想的彼岸離不開找到一條正確的路徑，離不開持之以恆的堅持和努力。

📖 很多牛人之所以牛，正是因為他們在生命中的重要節點上做了正確決定。歸根結底，一個人的人生過成什麼樣，不是別人影響了你、改變了你，而是你自己有了正確的認知和抉擇。

CHAPTER 2

搞清楚 你輸在哪裡

第二章

職場上的自我反省有多重要？
做和不做，差距就是有的人把一副好牌打爛，
有的人卻把一副爛牌打好。

別把夜郎自大當自信

當年王重陽（見《射雕英雄傳》）把全真教的招牌做得實在太響了，這樣豐厚的精神文化遺產積澱出他徒子徒孫們的絕對自信，每個人都覺得自己特牛，行走江湖時，逢人就說：「看我們祖師當年……」、「看我們全真教的功夫天下第一。」在他們心中，全真教大概也算是江湖上最優公司或者最強母校了。

尹志平（見《射雕英雄傳》、《神雕俠侶》）是王重陽的第三代弟子，少年時是一個尊敬師長的好學生，處處以老師丘處機為偶像，親其師，信其道。丘老師天生瀟灑豪邁，自帶光環。尹同學也是寫滿一臉的「我是全真門下」，生人勿近。

有一次，尹志平被丘老師派往蒙古草原交流學習，實際上是丘老師授意他去打探江南七怪的教學水準，因為再過兩年就是大家約定好的教學比賽了。全真教這種一流大學中的戰鬥機，擁有一流的教學體系和教學環境，豈是江南七怪這種師資水準和草原上的教學環境所能媲美的？丘老師派人去瞭解對方的實力，也是想著到時別讓對方輸得太難看，畢竟「友誼第一，比賽第二」。

尹志平呢？這是第一次出差，還從來沒有跟江湖上的人比試過，心裡癢癢，一到目的地就想顯顯本事，於是主動找江南七怪的學生打了一架，發現自己果然比人家厲害得多，這下信心越發爆棚了。

在尹志平看來，全真教就是世界第一流的學術中心，而全真七子就是世界上最優秀的導師。尹志平發自內心地為全真教驕傲，今天我以學校（公司）為榮，這有錯嗎？沒錯啊。誰還不能年少輕狂一下了？

「我們××學校是明星學校，我們××老師可厲害了，全國沒有誰能超過他的。」我們年少時也有過心目中的英雄，覺得他們無所不能、無堅不摧。所以，不難理解初入江湖的尹志平會跟人說：「只要全真七子肯出面，天下又有什麼事辦不了？」、「全真七子威震天下，只要他們幾位肯出手，憑他潑天大事，也絕沒辦不成的。」

可惜在江南七怪眼裡，尹志平這種自信分明就是目中無人，於是讓他在臨走前狠狠地摔了個大跤，希望他能從此長個教訓，做人不要太狂。

成長總是需要付出代價的，尹志平在江南七怪面前摔的這個狗吃屎，印象還不夠深刻，他很快就忘記了這回事。而真正讓他懂得「盲目自信是會吃虧的」這個道理的人，是武學大家黃藥師。

這個「學會」的代價是被黃藥師搧了一個大耳光並打落了幾顆牙。專治各種夜郎自大的黃藥師那個響亮的大巴掌抽得他眼冒金星，滿地找牙。

黃藥師是如何給尹志平上了這一課的呢？尹志平在一次出差途中碰見了江湖上鼎鼎大名的黃藥師。黃藥師的威名和事蹟他當然有所耳聞，那可是跟他們創派祖師王重陽一起華山論劍的大人物，換一般人見了黃藥師這麼大有來頭的人，大概不是膽戰心驚，就是點頭哈腰了。但全真教的弟子個個自信，遇見這個專家那個權威的時候不會發怵，管他黃藥師、黑藥師呢。

尹志平堅信，我們全真教的創派祖師王重陽才是天下第一。在全真教裡，大家也是天天在嘴邊掛著這段光榮歷史，天天喊著「我們永遠天下第一」。全真教認為，天下第一的老師就一定會教出天下第一的學生——全真七子，天下第一的全真七子會繼續教出天下第一的學生們——以尹志平等為代表的第三代好學生。

所以，當黃藥師耍威風地對著人們說「滾」時，尹志平一點兒也沒有怯場，泰山崩於前而面色不變地自報家門：「弟子是全真教長春門下。」誰知道黃藥師並不買全真教的賬，毫不留情地說：「全真教便怎的？」然後扔出一塊木塊，把尹志平打得滿地找牙。

這一塊木塊讓尹志平的確清醒了不少，畢竟這是一次掉了牙的血淚教訓。至少讓他知道行走江湖，千萬不敢隨便亂叫人黃藥師、黑藥師，而且也隱隱意識到，原來天底下除了我們全真教還有很多能人啊。後來，尹志平還目睹了全真七子與黃藥師之間的較量，這更是刷新了他的認知，或者說第一次學會了客觀地看待全真教。

全真七子以七敵一對付黃藥師，輸了。而幾十年前，王重陽一對一地對付黃藥師，贏了。水準高低，一目了然。這確實讓尹志平震驚：原來世界上還真有「天外有天，人外有人」這回事兒啊。職場上，自信還得有真實力，能力不如人而偏逞強的盲目自信不過是自欺欺人，不如好好思考如何提升自己、如何超越競爭對手。

跟全真教一樣，很多公司或者個人養成了夜郎自大的「自信」，每天公司上上下下必得喊幾遍口號：「我們公司的某某產品業界第一！」、「我們公司的發展前景業界第一！」不再問外面的世界究竟發生了什麼，也不知道同行每年都取得了什麼樣的成果。長此以往，大家漸漸地都看不到自己的不足。更可怕的是，發現跟他人的差距後，也很難有實際有效的行動。

被現實打臉後，看到了黃藥師這種一流武學大師的水準，怎麼樣了？臉被打痛了一陣子，也難過了一陣子。奮起直追了嗎？沒有。很快就好了傷疤忘了痛，全真教氛圍的療癒功能無比強大，所以，他仍然能渾渾噩噩下去。在一個集體環境裡，麻木會互相傳染。不能不說，全真教裡，一代勤奮，二代裝死，三代不知天高地厚，四代一群膿包。一代不如一代。

很多年前，歐陽鋒在看到全真教第二代弟子——全真七子時，就已經在罵他們沒出息了：王重陽收的好一批膿包徒弟。這樣盲目自信的基因不改，認知水準不改，又不能刻苦鑽研學術，將諸如爭創全國一流學術中心之類的口號喊得再響，都無濟於事。對於個人來說，盲目自信的可怕之處在於，你會由此停止前進的腳步，而不知道競爭者早已甩你幾條街，一旦同場競技，黃藥師這樣的高手就會將你打得一敗塗地，甚至從此離開這個圈子。

避免盲目從眾和集體犯錯

人在集體環境中，從眾是很常見的心理和行為。看著周圍的朋友都在炒股，於是趕緊也去開個帳號。看著周圍的家長都開始送孩子出國，於是趕緊也去各種留學機構諮詢。公司要跟員工簽某個合約，很多人看同事都在簽，於是也就閉著眼睛簽了，理由是：「看合約太燒腦，那麼多同事都簽了，肯定出不了錯，跟著簽就是了。」

就好像《倚天屠龍記》裡，明教教主失蹤後，高管們爭權奪利，局勢混亂，一些人預測明教前途堪憂，就辭職離開了。這種離職行為引起一大波人的從眾效應，一時之間，掀起了空前的辭職潮。如果你身在其中，這個時候到底是去是留？是簡簡單單不費半個腦細胞地從眾，還是根據自己的情況權衡利弊後再做決定？其實兩條路都沒問題：走有走的好處，留有留的理由。有人選擇辭職離開，那是創業或者跳槽了；有人選擇留下，則是為了養精蓄銳、東山再起。

盲目從眾的行為背後是因為沒有獨立思考的支撐，所以可能帶來的影響說大也大、說小也小。在一些無關緊要的事情上從眾，結果也不會嚴重到你無法承受。從眾炒個股，就是在股市裡賠點兒錢，只要不是把全部積蓄砸進去，似乎都可以寬慰自己「留得青山在，不怕沒柴燒」，賠掉的錢權當交學費了。從眾送孩子出國，但孩子出國不適應，你把他再接回來或者讓他混個垃圾文憑再回來，相對來說後果嚴重多了，因為你可能改變的是孩子的人生。

我們為自己的行動辯護時常常會振振有詞地說：「大家都這麼做！」但是，大家都在做的事情就一定對嗎？有時候即便是大家共同商量討論後做出的決定，也可能是錯的。對於盲目從眾者來說，如果選擇從眾的事情本身就是錯的，還能指望這件事情會有一個美好的結果嗎？

在職場上，還有一種盲目從眾的體現就是盲從權威。這種現象有時會導致所謂的集思廣益變成集體犯錯。為什麼會出現這種不科學也不符合常理的事情？原因是大家在「集體決策」的執行過程中出現了漏洞。這樣的例子很多。

在《笑傲江湖》裡，恒山派高階管理層是「定」字輩的三位師太——定閒、定靜、定逸，作為一大門派的管理者，師太們每天都需要在內部事務、人情往來、業務拓展、發展規劃等大事小情上做決策。

師太們工作很賣力，大家都知道；但恒山派的安全事故頻出，恒山派的保全系統和設施薄弱也是事實，一直為江湖人士所詬病。三位師太總抓不住重點，也找不到有效的解決方案，於是在脆弱的保全措施下又接二連三地做出了集體外出的決議。最後，導致損失慘重，不僅傷亡了一些弟子，三位師太也因公殉職，既悲壯又可憐。

三位師太雖然盡職盡責，但她們的集思廣益並沒有改變集體犯錯的屬性。她們的決策大會再民主，再暢所欲言又有什麼用？因為，無論是頭腦風暴還是集思廣益，結果並沒有提出性質不同的A計畫、B計畫、C計畫，而永遠是一模一樣的A計畫。下面基層員工異口同聲地絕對支持和服從，沒有異議。如果早知道盲從的後果這麼慘，大家能不能積極地多動動自己的腦子，為避免損失提些有效的建議？這麼多人用生命和前途為領導智識上的不足和盲目自信而埋單，不值得啊。

恆山派基層員工的盲從很像我們自己在職場上的行為，有時，所謂的集思廣益不過是隨聲附和。主管在做決策的討論會上吧啦吧啦先發表意見，然後說：「今天請大家來討論一下這個計畫的可行性。」後面發言的人一個接一個地應道：「主管說得對。」、「我也主張……」、「我贊同……」這種情況下，集思廣益是假的，附和才是真的。職場上，大頭先發言了，後面的人都不好意思真實地表達自己的不同意見，萬一主管認為自己是在挑戰權威呢？

大家或許說恒山派幾位領導人的眼界、格局和能力有限，只是個百來人的小門派，也沒經歷過大事兒，所以拿不出高明的決策來。《天龍八部》裡，有件事情卻證明了無論多麼有智慧、有才華的團隊一樣會陷入集體迷思。

少林寺的重要領導人——玄慈曾經收到一個江湖人士的秘密消息：遼國人要來少林寺搶武功秘笈。茲事體大，玄慈一聽就非常緊張，於是趕緊召集少林寺高管以及中原武林的幾位權威人物開了個重大會議，與會者代表著當時江湖上最有見識的頭腦。大家商討後就立即行動——北上雁門關去阻止遼國人的這一陰謀。

結果不僅尷尬，而且簡直是中原武林集體的恥辱，因為在浪費了巨大成本後這些最有見識的頭腦卻發現：他們收到的是一個假消息，也做了一個錯誤決策。大家自以為幹了一件利國利民的大事，而事實上卻像一群「腦殘」，集體做了一件毫無意義的事情。更讓他們痛心的是，這件事情還傷及了無辜。

最不可能犯錯的人居然會犯錯，究其原因，是做決策的時候並沒有一個反對的聲音，於是就有了集體失去理性、做出錯誤決策的結果。

在職場上，防止做出這種集體錯誤決策其實是有辦法的。做決策前，應該有兩個階段的集體討論，第一階段先開腦洞，大家紛紛建言，哪怕荒誕而不切實際的想法也一併提出來。第二階段才是解決問題，大家更專注、更嚴謹地分析資訊、篩選資訊，最終做出理性的決策。

真正的集思廣益是可以避免犯錯的，但前提是每個個體能獨立思考，能做到忠實於理性思考和分析，而不是盲從他人或者權威。那麼，怎樣才能給出一個可以暢所欲言的會議環境呢？

讓大家能徹底放下心理包袱，就事論事，保持獨立思考並且積極建言。

不能精進爲一流大師，丘處機輸在哪裡

丘處機（見《射雕英雄傳》、《神雕俠侶》）在終南山學藝時，就重武學而輕修道，後來雖然成為全真七子中武功最高的一位，但在道教修為上有所欠缺，跟師父王重陽不是一個路數，所以師父把掌教位置交給了丘處機的師哥馬鈺。

丘處機並不在乎要不要當掌教，在他眼裡，當全真教掌教意味著要按部就班地在重陽宮練功、打坐、冥想，枯燥乏味，毫無創意。以他的性格，根本就受不了天天打卡的規律生活，也過不了整日聽蟲吟鳥鳴的山居歲月，所以他的掌教師兄馬鈺每次查崗時都找不到他。那麼，丘處機在哪裡呢？萍蹤俠影，漂泊不定啊。他可能在臨安城郊痛殺南下金兵，可能在嘉興跟人一邊打架一邊表演高難度的銅缸鬥酒，也可能在千里追尋忠良之後的路上……，重陽宮外的世界很精彩，還有那麼多有意義的事情等著他去做呢。

再者，作為一個熱衷吟詩作對的俠客，總是會沾著些文藝細菌，他的靈魂和軀體就是天生奔放的浪漫主義。在江湖漂泊的歲月裡，丘處機的行囊中除了必備的急救藥，就是即興寫下的詩稿。如果問丘處機對於自由的看法，他也許會說：「修道誠可貴，武功價更高。若為自由故，二者皆可拋。」所以，如果讓他留在重陽宮每天朝九晚五地修道，那就好像讓魚兒離開了水，沒有了靈魂和生命。

他跟馬鈺師兄是不一樣的，兩個人永遠都是「白天不懂夜的黑」，一個無比熱愛重陽宮的清修生活，一個無比熱愛外面世界裡的刀光劍影。清修的馬鈺責任感強，只要逮著機會就給師弟開小灶，分享悟道心得，強灌道教雞湯，總是殷殷期盼丘處機

回重陽宮清修，還誠懇地說如果你在外面漂泊累了就回來，辦公室我們都幫你打掃好了。丘處機對於馬師兄的好意只能給予不失禮的微笑。他所在乎的是江湖上人人提起「全真教丘道長」時的那種崇拜和敬仰。

馬鈺很少闖蕩江湖，又如何體會得了？丘處機所嚮往的是快意恩仇、自由自在的江湖。馬師兄一輩子侷限在重陽宮，又如何體會得了？

儘管丘處機不喜歡坐在重陽宮清靜修道，但他對全真教和師父王重陽還是有深厚感情的。因為全真教是他的出身，王重陽是他的老師，名校名師的加持讓他自信滿滿，這些也是他安身立命、叱吒江湖的資本。

丘處機喜歡讓人知道「我們全真派」、「我們重陽先師」，喜歡將每一場行俠仗義、懲奸除惡都做得有儀式感，也喜歡收穫群眾的崇拜眼神和熱烈掌聲。有一次，他追殺金兵路過臨安城郊的牛家村，碰見了兩位脾氣相投的小哥。後來為保護兩位小哥和他們的家人，他酣暢淋漓地完成了他個人的「殺敵秀」，收鞘時，順便還擺了個英雄標配的姿勢。他知道，此處一定會有掌聲，也一定會收穫崇拜和敬仰。

牛家村武功低微的兩位小哥，以及千千萬萬普通百姓對丘處機的稱贊和崇拜，漸漸讓他忘記了武術水準的高低是學術圈內的事情，是由專業技術人員來認定，而不是群眾來認定的。二者含金量是不同的，群眾的好評是網路人氣，但專業評審團的好評才有認證效力。丘處機的群眾基礎很好，在大江南北擁有大量粉絲，這讓他變成了一個武術圈外的流量明星，但是學術圈裡的人對他的評價真不高。

作為天下第一高手王重陽的得意門生，丘處機與師父當年的水準始終相差著好大一截，別的專業人士看了都說：全真教一代不如一代。武學宗師黃藥師的女兒黃蓉還在少女時期就看不上丘處機的能力，給了全真七子這個集體大大的差評：「我瞧他們也稀鬆平常，跟人家動手，三招兩式，便中毒受傷。」在黃蓉的眼裡，丘處機的行為和能力彷彿就是那種「晃蕩的半桶水」。

這樣的人哪裡都有，就像我們身邊那種說得多、做得少的人，工作中整天只做表面功夫，卻自我感覺公司離了他就不轉。

至於該如何客觀評價丘處機的能力，黃蓉固然是有偏見，因為對他有意見才給了差評，但她在看到洪七公顯露出武功後，心裡想的是，洪七公看來比丘處機還小幾歲，而且她爹黃藥師也很年輕，可都早在二十年前華山論劍時就跟丘處機的師父王重陽不相上下了。從這個角度來看，黃蓉給出的差評也不是沒有可信之處。

丘處機掛著「全真七子」這個響噹噹的名號行走江湖，但似乎一直差一樣東西——代表作，就像一位演員演了一百部戲，卻沒一部真拿得出手的代表作，那算什麼好演員？搞學術研究也一樣，在某個領域裡有獨當一面的本事才行，有代表作，才能讓人記住你，也才能構成評等和奠定學術地位的前提條件。比如，黃藥師有彈指神功等，洪七公有降龍十八掌，這些武功絕技常常讓對手一聽就能嚇倒。可是，丘處機有什麼讓人記得住的代表作呢？有是有，不過除了他師兄弟和徒弟們能記得，旁人卻都不記得。

一個專業技術人員在學術圈裡始終到不了一流水準，尤其是歲數漸增時，要作品沒作品，要職稱沒職稱，怎麼在後生小子面前樹立權威？這難道不是很尷尬嗎？但丘處機這種性格的人對此並不敏感，他的馬師兄似乎就比他自卑得多，動不動就說：「剛才會到的那幾個人，武功實不在我們之下。」、「剛才不是柯大哥、朱二哥他們六俠來救，全真派數十年的名頭，可叫咱師兄弟三人斷送在這兒啦。」

馬師兄雖然看起來很弱，卻對專業技術始終保持著敬畏心，所以才能幾十年如一日地踏實修煉。這正是丘處機所缺乏的。丘處機究竟輸在哪裡？學藝路上已經有名校名師加持，還差什麼呢？很多跟他年紀差不多的江湖人士，比如黃藥師、洪七公，人家早已經是真正的學術大師了，他們到底是怎麼做到的？

黃藥師為了練武功，曾經發毒誓不練成功就絕不出桃花島。洪七公和歐陽鋒兩個人在二十年後重逢，再次比武時，驚訝地發現彼此武功都有大大的進步，連在一旁觀摩的黃藥師也暗自心驚。高手能人們對提高業務技能始終保持著高度的警惕性。在這個時代，只有努力向前奔跑，才能停留在原地。

學無止境，如果沒有精進的決心，能力上升的通道自然就早早關閉了。以丘處機的才華和習武天分，如果他能像師兄馬鈺那樣不驕不躁，在重陽宮裡坐得住，像他師叔周伯通那樣嗜武成癡、刻苦鑽研，他的專業技能再大大提升一個層次，也不是沒有可能。

遠離郭芙式道歉邏輯：「這不是我的錯」

人非聖賢，孰能無過？感謝老祖宗替我們的犯錯找到了完美理由。誰要說我們犯錯，我們就用這句話懟回去，我不是聖賢，錯就錯了，你能怎樣？確實，無論是在職場上還是在生活中，你都有犯錯的自由，但是別忘了，公司高層、同事、朋友也有遠離你和開除你的權利啊。

很多人不喜歡《神雕俠侶》中的郭芙，不是因為忌妒她白富美，而是因為她傷害了別人後，還永遠一副無辜的樣子：「這不是我的錯。因為你，現在大家都找我的碴兒，我已經夠委屈了，你還想怎麼樣？」郭芙的字典裡是沒有「對不起」三個字的，她也從來不覺得自己做錯過什麼。

在她眼裡，所有的壞事都是別人的錯，只不過是向來正能量滿點的老爹郭靖大俠每次都要把責任推給她，讓她當冤大頭，還得硬著頭皮去跟人道歉。畢竟是親爹親媽，爹媽雖然不時給郭芙上思想政治課，但批評教育時基本都是雷聲大雨點小。讀者可不是郭芙的親爹媽，沒那麼多寬容和耐心。

大家永遠不能原諒郭芙幹的兩件蠢事，一是砍掉了男神楊過的一條胳膊，二是她自作聰明地在暗室裡發射毒針，傷到小龍女，導致小龍女再無治癒的希望。楊過和小龍女的粉絲也不能原諒郭芙，見一次就想要撕她一次。楊過和小龍女的鐵粉陸無雙在絕情谷碰見郭芙時，就毫不留情地進行了一番人身攻擊，還差點兒讓郭芙也失去了一條胳膊。郭芙既委屈又害怕，急得都要哭了：「我做錯什麼了？陸無雙你怎麼可以這麼惡毒？」

在郭芙眼裡，自己砍斷楊過胳膊和用毒針傷了小龍女，這兩件事情也沒有嚴重到不能被原諒的地步，而且自己已經道過歉了。先說砍楊過胳膊的事情。這件事情確實讓郭芙痛苦了很久，她的痛苦不是因為自責和內疚，而是她爹郭靖對她大發雷霆，還差點兒讓她成了斷臂維納斯。她爹很質樸地認為，砍了人家的胳膊，道歉是沒用的，最好就是以胳膊還胳膊。而她媽黃蓉是個理智的聰明人，說砍下十條胳膊也於事無補啊。她考慮到郭芙的人身安全，就讓郭芙躲到外公家去了。郭芙這麼嬌滴滴的小女生，從來沒有離開過爹媽，因為這件事情，溫暖的家裡也待不下去了。這麼慘的遭遇可都是楊過的錯呀！

在郭靖大俠看來，郭芙是有錯的。身為父親，應該管教犯錯的女兒，所以女兒應該寫一份八千字以上的悔過書。但是郭芙躲到外公家了，等她再回來時，郭大俠的氣也消了，女兒犯錯的那件事大家隻字不提，郭大俠砍女兒胳膊也沒了由頭。最後也就是讓黃蓉去落實監督女兒寫檢討，連標題帶重複句子拼湊了八百字，事情就這麼翻篇兒了。畢竟是親生的寶貝女兒，就算犯了天大的錯，爹媽也是可以原諒的。

但郭芙寫悔過書時是很委屈的：砍胳膊這事能怪我嗎？我從小到大，連只雞都沒有殺過，怎麼可能存心想砍人胳膊？誰讓楊過當時說話太過分了呢？要是他能好好說話，我何至於生氣，又何至於砍他的胳膊呢？楊過的運氣不好，胳膊也不禁砍，才一劍怎麼就剛好砍斷了呢？而我也在積極彌補啊，在第一時間就去找爹媽了，不過等老爹趕來時，楊過小子已經畏罪逃跑了，要怪只怪他自己耽誤了搶救機會，這才導致後來他只有一條胳膊了。所以這整件事也不能全怪我吧？

但是吃瓜群眾卻不依不饒，在這件事情上總是不肯放過郭芙，郭芙很鬱悶，大家怎麼就不能學會寬容呢？小說中寫道：「『他的手臂便是我斬斷的。我賠不是也賠過了，給爹爹媽媽也責罰過了，你們還在背後這般惡毒地罵我……』說到這裡，眼眶一紅，心中委屈無限。」明明就是楊過的錯嘛，為什麼沒人去質問楊過？他還弄曲了我的長劍，我都還沒怪他呢，你看我比他寬容。

第二件事情，郭芙用毒針射傷小龍女時，「心中只略覺歉疚」，但很快就覺得自己剛剛發的毒針沒什麼大不了嘛，不過是暗室裡的自我防衛而已。錯的難道不是對方嗎？哪有正常人要躲在暗室之中的？誰又料到是他們呢？你說這錯在誰？在郭芙的眼裡，這個世界對她最不公平的地方就是：大家總是站在道德制高點上來罵她。

可惜，書裡書外，郭芙的委屈得不到旁人的理解和支持。這個沒情商、沒腦子的草包姑娘，犯了那麼大的錯誤，卻沒有做人最基本的自覺——反省自己。一個連錯誤都意識不到的人，是談不上有誠意向人道歉的，也是很難有實際行動去改錯的。這才是大家討厭她的根本原因。

職場上，像郭芙這類人並不少見。他們總是一犯錯就怪別人，嘴邊時刻掛著「這不是我的錯」，每次遲到就說「都怪今天下雨堵車了」，每次進度拖後腿就怪其他環節的同事沒配合好，每次丟掉客戶就怪這個客戶真沒人品……

人們常說，犯錯是成長的必經之路。這句話在郭芙小姐身上就完全無效，因為郭芙這種犯錯專業戶基本就是只見犯錯不見成長。但人家有資本一輩子做巨嬰不成長，既不用掙錢也不用養家。在自己爹媽的手下工作，就算錯得一塌糊塗，職場生活也並不會因此而不順心。

而對於我們普通人來說，既然沒有郭芙的資本，那麼，就只有遠離傻白甜的思維方式和道歉邏輯，才能提醒自己如何為自己的錯誤埋單。不然，在職場上將寸步難行，有可能連新手實習的三個月都熬不過去。

無論犯了什麼樣的錯誤，首先得知道自己錯在哪裡，而不是推卸責任；其次是在錯誤中學會複盤，以便在未來相似的情境裡不斷提醒自己避免再次犯錯。這樣才會換來成長。

正視錯誤的態度和積極修正錯誤的行動是做人做事的及格線。即使是個小孩子，父母也應該教他學會犯錯了要認識錯誤、改正錯誤。

如果在犯錯時還傷害了別人，那就必須真誠道歉，道歉要有實際意義，而不是只走個形式。再說了，自己有錯，誠懇地道個歉並且做好彌補工作，就那麼難嗎？

張翠山遇難就逃，職場小孬孬

在困難面前，有兩條路可以選，一條是迎難而上，一條是逃避困難。逃避即是放棄，會讓人當下更舒適。因為一個人保持越挫越勇的鬥志，最終克服困難絕對是件很難的事情。沒有人隨隨便便就能成功。

要是成功那麼容易，大街上熙熙攘攘的人群就全是成功人士了。

不是所有人都能在困難面前當英雄，很多人選擇逃避，畢竟還有「好漢不吃眼前虧」、「大丈夫能屈能伸」這樣的冠冕堂皇理由，讓我們心安理得。更何況即便是頂天立地的大英雄，大概也會有他不能直面的困難。所以，就算真的懦弱、逃避，那也只是個人選擇，影響的不過是自己的人生，與他人無關。

但在職場上，因為通常需要團隊成員間高度合作，成員之間都是優勢互補，愈是菁英團隊，就愈沒法單打獨鬥，所以，你一遇困難就逃避肯定是不行的。關鍵時刻，每個人、每個環節都是不能掉以輕心。只要一個人搞砸，整個團隊就如同骨牌效應一樣全都垮了。

捫心自問，人在職場，誰不想建功立業？但是有的人可能最終會變成一個逃避責任、拖後腿、凸槌失手的人。畢竟，逃避是一種普遍的人性硬傷，很多人身上都會有，而且各有各的委屈和心酸。

在《倚天屠龍記》中，武當派開派祖師張三豐最重視團隊建設，他打造的優秀團隊——武當七俠不僅整體作戰實力非常強大，而且每個人都有獨當一面的本事，都是當時江湖上了不起的菁英人物。比如，老大踏實穩重，老二武功最高，老三精明強幹，老四機智過人，老五聰明悟性高，老六劍術最精，老七內外兼修。這個優秀的團隊為武當派帶來了前所未有的殊榮，開創了武當派的黃金時代。

武當七俠團隊從無到有再到優秀，一時間成為當時江湖上團隊建設教科書一般的存在，但最終在走向卓越的路上突然垮了。怎麼垮了？就是因為團隊中有人失了水準，團隊也因此遭受巨大損失，甚至在很長一段時間裡，所有成員幾乎停止進步，而原因卻是大家把時間基本都花在為失誤的隊友善後上。

掉鏈子的是武當七俠中的老五——張翠山。張翠山在武當七俠中雖然不是首席，但其重要性也是不言而喻的。張翠山上有師兄們喜愛，下有師弟們信任。更重要的是，師父很明顯地偏愛他，最新研發出來的武功會單給他開小灶，還打算將來傳位給他。誰都想不到，這個看起來前途無量的年輕人竟然會凸槌。

張翠山凸槌的原因似乎有偶然性，如果一切好好的，沒攤上事情，也沒有遇見「五百年前那個冤家」，張翠山才不會相信自己會砸鍋呢。但張翠山走向這步也有其必然性，他性格軟弱、糾結的一面決定了他的命運，即便沒遇上殷素素，也可能有一個王素素、李素素會使他失常。在他有失水平之前，他這個人基本沒什麼毛病，聰明、悟性高。

凸槌始於那次出差——師父派他去調查師兄俞岱岩受傷的真相。以他的能力，調查一個案子並不困難。在調查過程中，隨著真相逐漸浮出水面，他遇到了一個無法與外人說、也無法求助的困難，於是開始逃避現實、一環一環地走錯步，直到最後刹不住車。

砸鍋的人永遠都不會覺得有辦法可以阻止這種事情發生。這次出差調查師兄受傷真相，張翠山很快就把實際情況掌握得十有八九，但真相讓他始料不及：俞岱岩受傷和鏢局被滅門兩件事情交織在一起，而幕後的一個重要人物就是魔教女子——殷素素。

他身不由己地跟殷素素傾心相愛了。此時，他深切地意識到在團隊責任和美好愛情之間似乎難以兩全。平衡好事業和愛情，這對於大多數人來說都不是容易的事情，對於糾結體質的張翠山來說，那就更難了，因為他有頑固的門戶之見和正邪不兩立的道德感等各種包袱。

不能不說，逃避確實是有些人解決問題百試不爽的好方法，就像周伯通逃避瑛姑的愛情一樣，無法解決兩個人之間的問題那就乾脆永不相見，或者見了就躲，只差沒有個烏龜殼縮進去。只要能逃避，就沒有了麻煩。張翠山也選擇了逃避，半推半就地接受了他人的劫持，從而得以與魔教女子遠離大陸、結為夫妻。

一個人只要開始逃避，開始放棄，千難萬難的事情立刻變得容易起來。張翠山顯然也是在一點兒一點兒的嘗試中發現了逃避現實帶來的方便之處。什麼武當的發展、什麼兄弟情誼、什麼江湖道義，逃避到北極後，哪裡還有這些人間的束縛和責任？所剩下的，只有愛情和人生的歡愉。

然而，他從此擁有的北極冰火島上十年歲月靜好，卻讓武當七俠團隊為此負重前行。不能不說，這一逃避行為成為張翠山一生中最大的硬傷。在他逃避的十年裡，武當派承擔了「弟子是滅門案嫌疑人」、「武當弟子畏罪潛逃、人間蒸發」的惡名。張翠山個人要不要「洗白」是一回事，但這「黑鍋」武當派卻是背定了。武當七俠團隊的其他人呢？這十年裡什麼也沒幹，日復一日、年復一年，除了解釋、道歉、再解釋、再道歉，就是四處調查團隊成員失蹤前「殺人案件」的真相，哪裡還有時間來考慮創新和進步？武當派的損失大到無從計算。

面對張翠山事件，張三豐和武當七俠團隊並沒有選擇放棄隊友，而是齊心協力替他一起扛。雖然不知道這個冤屈要扛到何年何月，但是如果張翠山永遠回不來了，那麼他留下的這個大麻煩，大家就只能永遠替他扛下去，直到死。這是師徒情義、兄弟情義。

十年後，張翠山重回武當，掀起了一場軒然大波，為他背了十年「黑鍋」的武當團隊表示仍然繼續幫他扛。但是張翠山既然回來了，解決問題的主體就不再是團隊，而是他自己了，畢竟他才是「殺人事件」的當事人。面對團隊成員和師父張三豐對他的不拋棄、不放棄，他這才有些後悔當年的逃避。

如果當時一心一意只查真相，完成師父交代的任務，回去覆命後再來談這場戀愛，哪怕辭職脫離武當一心去戀愛，也都是無可厚非的。至少，武當團隊不用為他的逃避而名譽受損，也不會無緣無故被拖累十年。

誰也想不到，久別歸來的張翠山在面對新的現實難題時，做出另一個讓人震驚的選擇——他竟然以死來逃避現實。死，成為他在困難面前最後一次選擇逃避的方式。張翠山死了。他以為只要死了，就一了百了，再也不會拖累團隊了。但是，大家為他辛苦十年、停滯十年也都變得毫無意義，這才是重情重義的武當團隊最受傷的時刻，也是掌門人張三豐人生中最遺憾的事情。

確實，人生中、職場上有很多撲面而來的事情做起來太麻煩，逃避可能讓人忘卻痛苦，帶來一時輕鬆，大多數人也未必是挑戰困難的大英雄，寧願像張翠山、周伯通一樣選擇逃避。但從長遠來看，所謂「躲得過一時，躲不了一世」，該面對還得面對，該成長還得成長。時刻想著像豬八戒一樣丟下擔子回高老莊去，職場的前途可想而知。任何一個優秀的團隊都不會歡迎隨時可能放棄丟包的人。

點破職場迷津

真正的集思廣益是可以避免犯錯的，但前提是每個個體能獨立思考，能做到忠實於理性思考和分析，而不是盲從他人或者權威。那麼，怎樣才能給出一個可以暢所欲言的會議環境呢？讓大家能徹底放下心理包袱，就事論事，保持獨立思考並且積極建言。

學無止境，如果沒有精進的決心，能力上升的通道自然就早早關閉了。能手們對提高業務技能始終保持著高度的警惕性。在這個時代，只有努力向前奔跑，才能停留在原地。

無論犯了什麼樣的錯誤，首先得知道自己錯在哪裡，而不是推卸責任；其次是在錯誤中學會複盤，以便在未來相似的情境裡不斷提醒自己避免再次犯錯。這樣才會換來成長。

人生中、職場上有很多撲面而來的事情做起來太麻煩，逃避可能讓人忘卻痛苦，帶來一時輕鬆，但從長遠來看，所謂「躲得過一時，躲不了一世」，該面對還得面對，該成長還得成長。

CHAPTER 3

如何與
長官愉快相處

第三章

在職場關係中，「知己知彼」的兵法永遠有效。
讀懂長官的心理，明白領長官意圖，
才可以與愉快相處。

藍鳳凰的智慧：別讓老闆不開心

跟上級主管相處是一件高難度的活兒。很多職場小白都會羡慕那些能在大頭面前談笑風生的同事，一看他們就是跟高層走得比較近，深得信任。練成這種輕鬆自如感有什麼訣竅嗎？訣竅肯定有很多。但有一點最重要——分寸感。分寸拿捏好了，上位者才會覺得你這個人穩重、可靠、令人愉快，才會留意到你的能力，相信你的忠誠。

《笑傲江湖》中的藍鳳凰與上級相處的情節就是一段很好的示範，教我們如何拿捏分寸，打消領導的疑心，從而真正贏得領導的信任。藍鳳凰算是職場上多才多藝的人，會武功，會養蠍子、水蛭，懂點兒醫道，關鍵是這些技能也都不是擺設，而是能實實在在用得上的。比如她曾經用自己養的水蛭和自己懂得的那些醫術幫助過女上司救心上人。

公事之外還能幫女上司解決私人情感中的麻煩，你說這加不加分？藍鳳凰就是行走的情商教科書，身在人才濟濟的日月神教，居然和前教主的女兒、神教聖姑任盈盈的關係也很不錯，把女上司混成閨密的本事絕不簡單。女性上下級之間的關係本來就很微妙，能到交流私人情感的份兒上，就算交情相當深了。藍鳳凰以女性情感細膩的優勢替女上司做了一件很重要的事情——替年輕的女上司考察男朋友。這件事情很重要，因為作為下屬，無論你加多少班，做出多少業績，那都是在為公司做事，女上司考核和評價你都是公事公辦；而為女上司個人做事，那是私交，她是會把你放在心上的。

藍鳳凰替女上司做的這件事情比較難辦，它不在本職工作範疇內，而是屬於女上司的私事。不是難在花多少錢和精力來辦事，而是難在有分寸地把事情辦得大家都不尷尬。這件事情是：女上司不能確定心上人是不是愛自己，但知道心上人遇到困難，她特別想幫他一把，可又擔心自己出面會尷尬。這才有了藍鳳凰的任務。藍鳳凰做事有技巧，且重情義，很快贏得了女上司的心上人——令狐沖的信任。藍鳳凰把事情辦得這麼漂亮，女上司心裡肯定也滿意。

藍鳳凰很快意識到有一點兒小麻煩，既然跟女上司的心上人建立了信任，但長此以往，因為是異性，所以難免會引人懷疑。

有人就對令狐沖說：藍鳳凰是個很驕傲的女人，對任何男子都不假辭色，卻偏偏對你這麼上心，在公事私事上都願意對你傾力相助，她一定是愛上你了。當然，也有人懷疑令狐沖喜歡漂亮的藍鳳凰。

對於藍鳳凰來說，不管女上司任盈盈有沒有聽到這些閒話，聽了會不會起疑心，身為女人，她很清楚引起女上司產生這種誤會非常不妥。她可不想惹不必要的麻煩，也不想打翻跟女上司之間友誼的小船，因為自己有清晰的職場目標。

更何況，令狐沖也不是自己的菜，幹嘛要扯進這莫須有的三角關係裡去呢？所以，她要找個時機來證明自己。但是職場上，在上司面前替自己辯解也要講究方法和時機，並不是說你衝到上司辦公室去解釋一下就能達到目的，不看時機而跑去生硬地說：「長官，我跟那個××只是業務往來關係。」

在那些不能讓人放下防禦心理的時機和場合中，這種蒼白的解釋不僅達不到目的，反而可能令人心生反感。

藍鳳凰終於找到了一個合適的機會。有一次，藍鳳凰碰到了女上司和令狐沖。令狐沖還像平時一樣隨意地管藍鳳凰叫了一聲「大妹子」，藍鳳凰也很自然地答應了。不過，她巧妙地順著話頭向女上司輕描淡寫地補了一句：「任大小姐，你別喝醋。我只當他親兄弟一般。」聰明的女上司豈能聽不懂這話裡的意思，於是，立刻回了一句：「令狐公子也常向我提到你，說你待他真好。」就這麼幾句話，三個人的心都放了下來。這種解釋，無須內心戲太多，無須擔心自己只解釋一句會不會顯得力度和誠意不夠。敏感的話題裡，話貴在精而不在多，四兩撥千斤。

為什麼說這次時機特別合適？因為場合再巧妙不過了。解釋一件跟公事無關的事情，原本就不適合在辦公室正襟危坐著來講。藍鳳凰選對了時機和場合，在這個私人相處的空間裡，幾個當事人同時都在而無須他人背後去轉述，她給出了恰到好處的解釋和表態。職場上也如此，能見面解釋的就一定要見面解釋，而不要試圖通過電話解釋，更不要在微信、郵件上用文字解釋。因為隔著時空，你完全看不到對方的反應，對方如果因此心生不爽，你連補救的機會都沒有。

在上司面前，你不該流露的野心、不該搶的戲、不該亂說的話，都要收斂住。不要以為上司脾氣好，就可以稱兄道弟、亂開玩笑。公司不是你家，上司也不是生你的父母，一旦有了誤會，沒有人想聽你解釋，也沒人有時間聽。

總有些人不但不去謹慎地拿捏分寸，反而因為盲目自信，覺得自己說什麼、做什麼都是對的，以為自己說的、做的上司一定會喜歡，跟上司相處時也常常過於膨脹。漢末時期曹操的謀士楊修就是這樣一個典型人物。楊修的智商很高，不然曹操也不會高薪聘他來當顧問，結果彼此信任的「蜜月期」不長，曹操就打心眼裡開始厭煩他。

為什麼呢？這個人聰明得過了分，在上司面前也毫不收斂。

對於上司來說，手下有聰明員工原本是件好事，但如果員工不把聰明放在業務上，而是抓住機會不停地標榜自己的聰明，在和上司相處時對上司不夠尊重，肆意調侃上司，這樣的員工能讓人信任和使用嗎？對員工來說，在職場上，任何考驗上司肚量和人品的事情，都不是明智之舉。

可悲的是，上司對楊修這類員工的疑心，焦點是覺得他們想爭權奪利，然而他們卻並不是真有野心，只不過行事浮誇、有失分寸，尤其跟上司相處時沒有邊界感。藍鳳凰如果不機敏，也很有可能讓人誤解，導致女上司誤以為她想挖牆腳。

職場上，楊修只需要做一件事情，那就是控制一下自己的表現欲。像藍鳳凰一樣，清楚自己的角色定位，明明是配角，就不要在不該出現的地方強行給自己加戲。當你的風頭超過主角時，主角肯定會懷疑你的用心。職場上，什麼時候該唱主角，什麼時候不該唱主角，要熟練掌握分寸。

明明在工作中出了力，也立了汗馬功勞，如果因為細節處理不當引發上司的疑心，就得不償失了。任何時候，贏得上司的信任，保持和諧的上下級關係，這樣才是你好、他好、大家都好，才會贏得上司對你工作上的大力支持，未來的職場前景也才會光明。

和主管三觀不對盤，也別硬槓上

通常說三觀不合的婚姻很難維持，很多人會先嘗試改變對方，或者改變自己的期待值，以使雙方合拍，保持在同一頻道上，如果仍然無法和諧，那就只能選擇分道揚鑣。但無論出現哪種情況都會大傷元氣，所以過來人或者情感婚姻專家們的忠告就是，找對象結婚就一定要找三觀一致的。

這個規律在職場上也適用。比如說，如果自己跟公司文化、跟頂頭上司三觀不合，也會導致類似問題。對於員工而言，改變公司或主管的難度是很大的，只能先改變自己的期待值，去努力適應公司或者上司，實在不行，那就只好選擇辭職。

一個人只有在擁有足夠的能力和資本時，才會有更多的話語權。大多數情況下，普通的求職者擁有的選擇權很有限。選擇了不錯的公司、理想的薪水和心儀的崗位，就沒有許可權進一步選擇更多。如果要優先考慮三觀一致，那我們就可能需要放棄對公司、薪水和崗位的選擇。

你或許可以選擇進入一家企業文化和經營理念與你三觀相符的公司，卻很難有機會去選擇一個三觀跟自己永遠保持一致的主管。即便一開始都是我們期待的，但職場形勢是變化的，人也是變化的，誰知道我們會不會被調到三觀不合的大頭手下工作呢？誰又能保證我們現在的高管在未來三觀不發生劇變呢？這些狀況隨時會將我們推向三觀不一致的情境中。一旦跟上司三觀不一致，究竟會帶來什麼問題呢？

一個人的三觀體現在職場的方方面面，比如對待工作的態度，對自我的要求，對人際關係的處理，對未來的規劃等。如果跟主管老闆三觀一致，我們的工作就很容易得到上面的認可；如果三觀不一致，我們對工作各個環節的見解往往就更容易出現分歧，溝通的時間成本也會成倍增加。這樣的事情如果反覆出現，上司還會覺得我們跟不上他的節奏，跟他完全不是同一頻率的人。

當然，我們自己也會很不爽，甚至懷疑上司是不是故意跟我們過不去。《天龍八部》裡的包不同在選擇上司時就非常在意三觀是否一致，在意的程度遠遠超越了他自己有限的選擇權，這個心理訴求也因此給他帶來了巨大的職場困惑。他曾就職於姑蘇慕容家，頂頭上司就是那個江湖名氣很大、野心抱負也很大的慕容復。包不同忠心耿耿地在慕容家族企業裡工作了幾十年，他一直覺得，自己的三觀跟上司的三觀是高度一致的。他的能力和努力，上司不僅看得見也非常認可，而且委以重任，這是很有成就感的事情。所以，包不同才會幾十年如一日地任勞任怨，跟著主管走南闖北地去融資招商、招攬人才。

但有一天，包不同突然發現上司的三觀變了。那次他和主管一起去大理出差，他發現對方居然厚顏無恥、毫無骨氣地向「四大惡人」之一的段延慶表達了合作之意。這讓他嚇了一大跳，他認為這完全大頭長官的三觀出了大問題，道德大滑坡，而且照這麼發展下去，很可能就把整個慕容家族的企業和員工全都裹挾進坑裡。所以，上司後來的決策他無法投贊成票，更無法說服自己去執行。讓他感到既焦慮又痛心的只有一件事——怎樣才能跟上司的三觀再次一致。

問題來了，在職場中跟上司三觀不合時該怎麼辦？包不同想到的解決方法是改變高層，因為在他簡單的對錯判斷中，誰有錯誰改，自己沒有錯當然也用不著改。於是他的責任心讓他勇敢地站出來，決定給上司上一堂思想教育課，教育上司去認錯和改錯。他直接將上司定義為不忠、不孝、不仁、不義之徒，上司被他激怒到翻臉了，溝通自然無法繼續，最後上司無情地打過來一巴掌，徹底結束了他的職業生涯。

包不同在這場職場悲劇裡犯了兩個明顯的錯誤：一是他的目標錯誤，他試圖改變上司；二是他的方式錯誤，他採用了向上司說教的方式來實現目標。他的目標和方式似乎都有問題。因為改變他人是世界上最難做到的事情，更何況那個人還是自己的上司。

想改變上司的三觀和想法的目標不是不能實現，我們也不必因為包不同而有了錯覺，認為即使上司有錯、三觀不正，我們也連說都不能說。只不過解決問題的方式要好好琢磨一番。比如說，遇到類似包不同的情況，當自己不認同上司的三觀和方案時，那麼你至少要提出一個比領導的那個更好、更具有可操作性的方案。光憑一張嘴和一腔赤誠，上司自然不會坐下來洗耳恭聽。如果包不同當時能給上司排憂解難，找到一個好方案，那麼說服上司並爭取到上司的三觀重新與自己合拍，就有相當大的把握。可惜的是，包不同並沒有能力找出一個有效的方案。

圍繞這個毫無把握的目標，包不同使用了一個完全無效的方式，像唐僧一樣碎碎念遞給上司上了一堂思想政治課。當然，然後就沒有然後了。

包不同的故事裡，除了他本身的職場情商提升，同時他高估了自己的影響力，以為憑自己與上司的交情和自己的忠心，一定能讓上司改變想法，重塑三觀，他沒有意識到他的上司要面子，而且他顯然也不瞭解上司慕容復的為人——明明就是一個心胸狹隘的人。

現在，請我們再次回到「跟上司三觀不合時怎麼辦」這個職場問題的解決方案上。如果沒有贏得上司信任的絕對把握，那就用常規套路：要嘛改變自己，要嘛辭職。

改變自己，讓自己的三觀向上司的三觀靠攏，去適應上司的風格。對，山不過來，你就過去嘛。比方說，上司喜歡C羅你喜歡梅西，那麼，你索性改成喜歡C羅。以這種方式達成三觀一致，看起來仿佛你隨時就會成為牆頭草，上司喜歡怎麼做，你也只能絕對支持，並且給自己洗腦：「上司的安排是對的。」但是以包不同的性格，選擇這條路似乎很難。

辭職，去找與自己三觀一致的主管，這樣你就不用總覺得自己太分裂。

看看人家丐幫幫主喬峰，跟大家三觀不合時連幫主的位置也可以說辭就辭。後來跟遼國准皇帝耶律洪基一起轟轟烈烈地幹事業，功成名就時感覺跟上司三觀不合了，仍然很灑脫、很簡單——辭職。當然，要先從現實角度來掂量一下自己，說辭職就辭職的後果你是否能承受。

最後還有一個折中的建議，如果你在改變自己和辭職兩個方案中難以抉擇，那麼不妨換個角度來開導自己：如今是一個多元價值觀的時代，職場也一樣，大家求同存異就好，又不是相伴終身的伴侶和至交好友，何必強求三觀一致？

黑木崖換屆：敏感時期裡的識時務者

職場上，很多普通員工對身邊的人事變動不甚關心，最多當個八卦事件在背後嘀咕，因為並沒什麼參與感，既不見得擁有投票機會，自己也不是候選人，所以無論換成哪個老闆高層好像都無所謂。

這種想法有點兒危險。職場中這種「事不關己，高高掛起」的消極態度背後，真相常常是你甚至都不知道自己「在場」。因為每一次人事變動其實都可能引發一場蝴蝶效應，誰知道會不會引起未來哪個環節的變化，誰知道會不會對你的工作帶來什麼影響。

正所謂「一朝天子一朝臣」，再加上「新官上任三把火」，新的領導總會有新的管理方式、工作規劃和評價體系等。所以，像關注天氣預報一樣掌握公司的人事變動，在獲知人事變動資訊後，未雨綢繆，及時去調整自己的工作方式，將自己的能力向新的標準靠攏，這樣才能符合新的評價體系，在新的管理模式中仍然得心應手。職場上，能做到關注形勢變動、有應對策略的人，我們姑且稱之為「識時務者」。

在濫竽充數的故事中，南郭先生碰上的前後兩任老闆——齊宣王和齊緡王，他們的工作方式就完全不同。如果南郭先生事先就瞭解清楚，至少還有機會去努力留下來，而不是被直接淘汰掉。顯然，南郭先生不算「識時務者」，不能與時俱進。

《笑傲江湖》中，黑木崖大集團（也就是日月神教，總部位於黑木崖）的高層激烈震盪過兩次，一次是前任 CEO 任我行被下屬東方不敗悄無聲息地發動「政變」趕下了台，另一次是若干年後前任 CEO 東山再起，將位置、權力又奪了回來。這就給黑木崖集團的員工們帶來了兩次機會。不同時期有不同的新老闆，那些有想法、有執行力的員工就抓住了機會，適應了新 CEO，並贏得了信任。

這樣的大變動，對有些人而言是機會，對另一些人而言可能是過不去的坎。黑木崖集團裡的普通中層——秦偉邦在第一次核心高層換屆時，就趁機得到了一個絕佳的機會。他向新任老闆東方不敗展示了自己的忠誠和才幹，贏得了關注和信任。果然，他從普通的中層幹部——江西青旗旗主慢慢地升到高層，成為十長老之一。

但是也有很多人在這個時期失去了獲得新老闆信任的機會，比如向問天，被新老闆當成前任的人而提前淘汰掉了。如何像秦偉邦那樣找到合適的時機，去贏得新大佬的信任，這肯定需要技巧。因為在職場上，但凡想要做點兒什麼來爭取更多的發展可能性，自然就要去想、去做，什麼都不做的話，是不會有任何機會的。

別說找不到機會，在有準備的人眼裡，處處是機會，沒機會就要努力創造機會。其實，員工們在急於找機會，新高層一樣也是在找機會。他們要爭取民意支援率，要找人幹活兒，要對自己主管的領域有掌控感，必然會為員工們創造出無數機會來。比如，空降來的主管上任後通常會摸底，會對中層或基層員工做一對一談話或者開大會、小會。內部提拔上去的新主管，因為角色發生改變，總會有一些儀式感的流程。這些都是機會。

黑木崖集團 CEO 任我行東山再起的前夕就親自走訪了很多員工，摸清情況。在不同的約談中，但凡向任總表達了能繼續跟隨他一起幹事業的人，任總基本都持開放的接納態度。有的人擔心公司太大，自己雖然有心去積極爭取，但又覺得自己能力不強、位置不高，自己做什麼，上面的人也看不見。

就像在黑木崖這種大公司裡，新老闆日理萬機，基本上只親自約談了一小部分中層幹部，而那些類似前台或者秘書的紫衫侍者們，做保衛工作的執戟武士們，似乎根本沒有機會跟新老闆說話。但是，萬一哪天在公司門口、電梯裡碰到了，新老闆問起一句：「小夥子，你來公司多久了，是哪個部門的？」你也得學會在幾秒鐘裡迅速行銷自己，給新老闆留下好印象。

當然，也有人尊重自己的原則，信守自己的道義，忠於前任領導，對新老闆始終抱不合作的態度。還有人會挑起事端，去反對新老闆。換一般人，估計借十個膽給他也不敢這麼做。但是保不齊這種人會自視甚高，總覺得新老闆還不如自己聰明。這樣對著幹的結果肯定不會樂觀，就像似乎始終支持前任 CEO 的向問天，跟東方不敗不可能在一起共事。

而大多數普通員工呢？他們既沒有第一種人的忠義，也沒有第二種人的野心和折騰，他們對各種人事變動抱著「無關緊要」的心理，擔心最多的不過是「新官上任三把火」，萬一原來申請成功的專案費用又要重新審核了怎麼辦，原來通過的專案方案取消了又該找誰哭訴去？

老闆換人是敏感時期，掌握新高層工作方式上的喜好，並據此在技術層面做一番改善，這肯定還不夠。新高層不僅喜歡用適應自己工作方式和評價體系的人，而且更喜歡用自己信任的人。新領導是人不是神，也需要職場安全感，而這個安全感來自他的下屬們。如果他感知到的都是安全、信任和支援的信號，他自然就會定下心來抓工作，否則肯定會大動干戈地排兵佈陣，將各個重要崗位換換血。

基於新上司的安全感需求，作為普通員工或者中層人員，除了在能力、工作方式上適應新管理層，所謂「識時務者」還要主動跟新頭頭增進一下關係，多找點兒露臉的機會，在其面前推銷一下自己的能力和創見，去贏得更多的信任，必然會對未來開展工作有所幫助。

別那麼愛當老闆主管們的砲灰

在職場上，公司有白紙黑字的各種制度，員工只要像小學生一樣規規矩矩地背下來遵守，就能輕鬆保證自己不犯制度上的錯誤。但跟主管老闆相處這種事情就沒有任何參考，並不像高速公路上有各種醒目的指示牌，提示你如何行駛。所以，在頂頭上司面前，怎麼說話、怎麼彙報工作、怎麼執行指示，才不會撞在他的槍口上，這都需要觀察和分析，需要思考和總結，才能將踩雷的可能性降到最低。

犯主管禁忌的後果首先是自己不好受。輕則上司對著你半天一言不發，或者心裡翻你一萬個白眼、甩你一千把刀子；重則直接向你咆哮，或者不聲不響地將你換了崗。《倚天屠龍記》中，峨眉派以「一姐」自居的丁敏君，撞在掌權人滅絕師太的槍口上，直接換來滅絕師太怒不可遏的幾個大耳光，不僅疼，而且在同事面前很丟人。

誰都不想挨主管的大耳光，所以與其相處，大家都會謹慎地摸清他們的脾氣再說話行事，儘量保全顏面，也保全自己在主管心目中的形象——別讓上頭覺得自己不靠譜、能力差。

話說犯主管禁忌這種事情，對有些人來說是高機率事件，比如丁敏君；而對另一些人來說卻是微乎其微，甚至完全是零風險。同樣是峨眉派，同樣是那個脾氣令人捉摸不定的掌門領袖滅絕師太，周芷若怎麼就不會被洗臉？每次都能避開她的炮火，這是千錘百煉出來的功夫啊。

我們來看看高機率踩雷的丁敏君是怎麼經常暴露在上司箭靶下的。

有一次，丁敏君和其他同事一起跟著滅絕師太去參加活動，這是師太策劃已久的一場戰鬥——六大門派圍攻魔教。在半路上，遭遇魔教高管韋一笑的沉重打擊。對於爭強好勝的滅絕師太來說，輸這件事情本身就令人惱火了，更何況，滅絕師太輸得很慘的一幕被員工們看見了。

這對誰來說都不是什麼好事，一方不想被人看見，另一方不想看見。這種時候的滅絕師太簡直就是一噸炸藥，誰接近都可能把誰炸得粉身碎骨。在職場摸爬滾打多年的人應該都知道，此時此刻最好裝作什麼也沒看見、沒聽見。

看到滅絕師太出的洋相，峨眉派員工都不知道如何是好，走也不是，不走也不是，只能一個個呆若木雞，好像集體失明、集體失語了。誰都害怕成為引爆長官的人。這時候，老員工丁敏君卻大無畏地湊到跟前，其他人看得膽戰心驚，只聽她說：「他便是不敢和師父動手過招，一味奔逃，算什麼英雄？」話音剛落，滅絕師太「哼」了一聲，突然間「啪」的一聲，打了丁敏君一個大巴掌，並衝她咆哮起來。

我們可以想像，丁敏君在這種低氣壓裡還能勇敢地湊上去，目的自然不是去當砲灰、「送死」，而是以為自己有能力為老闆分憂解難，能四兩撥千斤。可惜她用錯了方法，把高層的智商看低了，以為隨便一句貶低對手的話就能哄其開心，所以，高層對她火山爆發是必然的。誰讓她犯禁忌去呢？

丁敏君搶當砲灰的事件不止這一次，她通常希望自己能搶奪先機，因為太急所以忘記提醒自己：禍從口出。而前面所說的避免踩雷的一些必需技能，如觀察和分析、思考和總結，其實最大程度上就是遇到事情時先冷靜，不要急於出牌，一切準備工作就緒後再說。跟丁敏君形成鮮明對比的，就是那種因為小心駛得萬年船、從不出錯的「老司機」，比如桃花島弟子陸乘風（見《射雕英雄傳》），丐幫長老魯有腳，以及丁敏君的小師妹周芷若等。他們的行事規則和習慣基本就是丁敏君的反面，所以幾乎沒有發生過踩到高階主管罩門的事件。

你說這類「老司機」平時是怎麼做到零事故的呢？來看看陸乘風。他的老闆黃藥師脾氣也很臭，是出了名的不好相處，老朋友看著這樣的黃藥師都發愁，何況下屬。而陸乘風精細聰明，說話行事時總是會小心地揣摩上司的心思。在一些關鍵時刻，他寧可不說話，也絕不逞能。

不要像丁敏君那樣認為踩雷當砲灰是職場上不可預測的事件。儘管每個人都不是雷達，不能即時監測領導的情緒和想法波動，但有心人總會發現，一切皆有規律。循著這條科學的規律，完全可以將犯主管老闆禁忌的可能性降到最低。

有一次，黃藥師要懲罰叛變的下屬梅超風，命令她去做三件事情，說到第二件事情時，陸乘風在旁邊聽得心裡一熱：這件事情自己一定能做得比梅超風更好，如果自己搶著去做或許還可以在領導面前邀上一功。

但陸乘風畢竟不是職場「小白」，僅僅在幾秒鐘裡，理性的他就心念一轉，迅速做好了優勢和劣勢的對比分析，推斷出讓梅超風做事的真實意圖以及高層的心情指數……。如果搶，有可能違背上級的意願；如果搶到後又不小心失手了，就有可能引發老闆的怒火，這些都是踩地雷的高風險因素。所以，他雖然滿有把握，但最終沒有去搶著表現，也避免了不小心自淌渾水。

人在職場，與主管老闆相處也是跟人相處，需要多換位元思考，多揣摩老闆們的真實想法，說到底熟能生巧，減少急於表現的衝動，自然就能降低當砲灰的機率。

在長官面前說話得體是加分項

職場上，大多數人需要靠業務吃飯，業務強才是硬道理。但是光靠業務還不夠，我們還得有其他的加分項，比如會說話，尤其是在長官面前會說話，就是一個大大的加分項。

舉個很簡單的例子，如果你是個主管，假設兩個員工的業務能力等硬性考核指標上得分不相上下，但是一個明顯口才好，在你面前說話分寸得當，你會更傾向於重用哪一個呢？當然會說話的人更能給人留下好印象，更容易讓人產生信任感。一個說話期期艾艾或者說話不得體總能讓你氣著噎著的人，難道更會被上司委以重任嗎？不會。

也有人說，嘴笨如郭靖大俠不也可以事業有成嗎？他的加分項看起來似乎可有可無。我們都知道郭靖大俠不僅語遲，而且一輩子都是說話不利索，更別指望他能說出討人歡喜的話了。好聽的話讓人如沐春風，可讓郭大俠說出來，就直接變成冬天寒風和夏天熱風了，總讓人彆扭。別說黃藥師這種挑剔鬼聽了心煩，就連正直樸實的洪七公也會急得想脫了鞋子打他。

只有黃蓉情人眼裡出西施，能耐心地聽郭靖說話，聽到他說出不妥當的話，也並不多心。可也不怪他，郭靖曾經是笨得讓媽媽和老師都哭了的孩子啊，那時候又沒條件報培訓班去提升口頭表達能力。

問題是郭靖是極少的個例之一，不具備可複製性。現實生活中的我們未必有他的運氣，也很難像他那樣有勤學苦練的行動力。人家雖然嘴笨，但業務能力超群，瑕不掩瑜。普通員工在長官面前不會說話，彙報個工作也是慢吞吞，抓不住重點，就算業務再強，仍然會是那個不受待見的職員，漲薪、升職等好機會幾乎都落不到頭上。慢慢地，隨著年紀的增長，原先初生牛犢不怕虎的闖勁兒褪去後，在職場的存在感便越來越弱。

常言道，情商高就是會說話，什麼叫會說話？不是能滔滔不絕地說就叫會說話，而是說話讓人覺得如沐春風，能說到點子上，這才叫會說話。黃蓉的業務能力遠遠比不上郭靖，既不會降龍十八掌，也學不會左右互搏術，但是在說話這一點上，黃蓉遠比郭靖高明，比她爸黃老邪也要高明得多。因為黃老邪雖然聰明卻清高自傲，很難說出讓別人舒服的話來，不是一次兩次地惹怒旁人了，好在他除了不會說話，有很多大家難以企及的大本事，不然誰會待見他呢？

黃蓉會說話，是有高情商和高智商支撐的，在初遇丐幫前任幫主洪七公時，她就給洪七公留下了好印象。黃蓉見到洪七公的手指頭缺了一根，立即心頭一凜，猜測他就是江湖傳說的九指神丐，於是收斂了平時愛笑、愛玩鬧的脾氣，客客氣氣、斯斯文文地說話，洪七公自然覺得她有禮貌、懂事而心生好感。

得知洪七公對自己父親有所忌憚和戒備，黃蓉很巧妙地設計了一套說辭，借父親的名義對洪七公狠狠地恭維了一番，「我爸很佩服你」、「我爸說你武功高」，而且編得情真意切、煞有其事，由不得洪七公不信。黃蓉深知，這都是送給武林大宗師最好的高帽子。

除了這番說辭，黃蓉還拿出了她御廚級別的廚藝絕技，每天換著花樣地給洪七公送上大餐。洪七公吃了人家的嘴短，也只好左一路逍遙遊，右一路降龍十八掌地教黃蓉和郭靖功夫。

最讓人覺得厲害的是黃蓉對很多事情拎得特別清。雖然她是被黃老邪寵壞的熊孩子，並沒有太多規矩和禮儀，還常常任性蠻不講理；有時甚至目無尊長，忤逆地叫郭靖的三師父韓寶駒「矮冬瓜」，罵丘處機是「牛鼻子道士」，但她卻可以在洪七公、一燈大師這些大人物面前秒變成一個斯斯文文的好姑娘，能收斂起自己的小性子，知道有所為有所不為，該說什麼、不該說什麼自然也是心底清楚明白。

她後來有幾次試探洪七公，確認了自己的小聰明在洪七公面前行不通，從此，便踏踏實實地在洪七公這裡學本事，踏踏實實做人做事，絕無半點兒花招。也正因為如此，黃蓉最終贏得了洪七公的信任，在花季般的年紀便擔起了丐幫幫主的大任，而且一幹就是十幾二十年。試想，擁有數十萬之眾的全國第一大幫派的 CEO 竟然是一個初出茅廬的花樣少女。

很多人或許認為在長官面前會說話就等於會阿諛奉承，這是以偏概全。畢竟，天下的老闆不是個個都像星宿老怪丁春秋那樣，成天聽手下的員工們溜鬚拍馬；也不是都像日月神教的東方不敗那樣，每天必須得聽著員工們高呼萬歲。

如果是那樣的企業，碰見那樣的頂頭上司，最好趁早拜拜，待久了，除了長長阿諛奉承的本事，根本長不了自己的核心競爭力。

職場是一個複雜而微妙的特殊環境，儘管不會像很多人想像的那麼闇黑，但是話又說回來，即便像郭靖那樣有強大的業務能力，但在長官面前不會說話，彙報工作、提建議時非常吃力，到底還是硬傷。如果能有郭靖的業務能力再加上黃蓉的口才，在職場上取得成功還會遠嗎？

當長官跟你說「我是爲你好」

「我是為你好。」這句話在生活中很常見，也很耐人尋味。什麼情況下說者需要向聽者強調這句話呢？大概是對聽者說了些讓人不太能接受的話，出於澄清的意圖，才會強調自己的出發點是「為你好」。

對人強調這句話總脫不了「欲蓋彌彰」的嫌疑，如果這句話前面說的那些真是為他人好，聽者只要不是太蠢，心裡難道就沒數嗎？又何必說者反復強調呢？薛寶釵只是掏心掏肺跟林黛玉說女孩子要怎樣怎樣，在大觀園裡要注意什麼，遇到困難儘管去找她，並沒有說出：「林妹妹，我是為你好。」但林黛玉心悅誠服地跟她表達了：「寶姐姐，你肯教我，這是為我好哇。」

同理，在職場上聽到上級語重心長的一句「我是為你好」，難免讓人揣測長官的動機和目的究竟是什麼。是不是為我好，也得由我自己來判斷，感受是自己的，並不能由權威說了算。在職場上沒有足夠安全感的人，就更容易以受害者心理進入緊迫反應，認為長官愈這麼說愈值得懷疑。

「我是為你好」這句話確實很難洗白，它本身多少就有著「難辨真假」、「欲蓋彌彰」的屬性，所以不能不讓人心生警惕。

古往今來，總有些長官會故意做某種姿態。比如，曹操連襪子都顧不上穿就去迎接他所器重的下屬，力求自己時刻符合那個「求賢若渴」的人設。劉備既能三顧茅廬請諸葛亮出山，也能時不時流著淚手把手地跟下屬說話。

《笑傲江湖》中的令狐沖在華山時期，特別喜歡聽岳不群對他說：「我是為你好。」每每這時，他的心裡總是滿滿的被寵愛的幸福感。長官讓他幹什麼，他都做得非常歡喜。因為令狐沖是全身心地相信長官，認為上級是真的為自己好，並經常做著美夢：將來會讓他接掌門人的班，甚至還會將女兒嫁給他。事實上，長官沒跟他有半句承諾，甚至連暗示都沒有過。

岳長官表達「我是為你好」的意思時有很多技巧，表達方式也不一樣。有時和風細雨摸著令狐沖的頭說：「我是為你好。」有時候暴風驟雨地責備令狐沖，表達的意思也是：我是為你好。

令狐沖跟人學了獨孤九劍，業務能力越來越強，這不也是為單位增光添彩的事情嗎？但沒想到岳不群的見解完全不同，大罵了他一通之後又語重心長地跟他說：「你這個資質性子，很容易走上這條歧途。我今天給你當頭棒喝，話是說重了一點兒，但確實希望你從此轉過彎來，回歸正途，這也是為你好啊。」

令狐沖根本不具備批判思維，凡是他所信任的長官說的，他從來不懷疑。至於長官說「我是為你好」的動機和目的是什麼，他從來不去動腦子想。只是被這句「我是為你好」感動得流淚，想著多虧了高層及時拯救，否則後果不堪設想，稍不留神就可能成為本單位的罪人，當真是危險至極。令狐沖的事情在其他職場人士眼裡，壓根兒就不是什麼大錯。

《倚天屠龍記》裡，峨眉派紀曉芙的反應就完全不同，即便是她一向尊重愛戴的好長官跟她說「我是為你好」，她也會在心裡細細思考一遍：這句話背後到底有什麼用意，是真為我好嗎？她可不是職場菜鳥。

在峨眉派歷練多年，滅絕師太為人嚴峻，從不講情面，同事中又有丁敏君這種刁鑽、心狠的長舌潑婦，她對人情世故、職場冷暖心中非常有數。長官希望她出賣愛人手中的資源，於是打著「我是為你好」的旗子給了她職場指導意見：你雖然犯了大錯，但是如果你去利用利用你愛人的資源，這個錯不但可以被原諒，我還會提拔你當下一任掌門人。紀曉芙不盲從、不輕信，心裡對這個職場指導意見和背後的價值觀、動機有著自己的判斷。就算上級一再觸犯她的底線，將她逼到死角，她仍然不屈服。

《笑傲江湖》中，東方不敗在日月神教尚是副教主時，也曾有一次聽老闆跟他說「我是為你好」。老闆拉著他的手親切地說：「兄弟啊，你好好幹，等我退休了，你就接替我的位置。現在呢，我手上有本教的業務秘籍《葵花寶典》，這是歷任 CEO 才有資格看的書。我提前交給你，可別辜負了我的期待哦。」

拉完手後，又給他一個屬於兄弟之間的愛的抱抱，既親切又誠懇地表達了「我是為你好」。東方不敗儘管知道老闆不過是在籠絡他，但沒想到上級的為他好，竟然是鋪滿鮮花的巨大陷阱，居然把江湖上人人都想要的秘笈《葵花寶典》就這樣交給了他。東方不敗後來篡奪了 CEO 的職位，《葵花寶典》就是「大功臣」。

但想不到的是，這個位置最後又被前任奪回去，也是因為《葵花寶典》。他的人生，算是「成也《葵花寶典》，敗也《葵花寶典》」。最可悲的是，這一切全都在前任長官「我是為你好」的算計之中。

令狐沖、紀曉芙和東方不敗所遭遇的是同款陷阱——長官說：「我是為你好。」這句話包含了很多意思，它不一定都是風險，也有可能是機遇。至於到底是什麼意思，你可以根據上級的說話目的、你們之間的關係，以及具體的語境而定。

確實，它存在兩種可能性，一是大家所害怕的糖衣炮彈，是虛情假意；二也可能是推心置腹，溫暖真誠。但我們犯不著一棍子打死地做個結論：職場上但凡聽到這樣的話，都要不惜一切地去否定它。

我們為什麼會害怕這句話，並常常因此草木皆兵？最根本的原因還是我們的職場實力不夠強大。如果我們是喬峰，大概也不會把注意力放在判斷長官這句話的意圖上去。你是不是為我好，你究竟為了什麼目的，這都不重要。重要的是，我知道怎麼做是為自己好，而且我接這個活兒也並不難為自己，輕輕鬆鬆就可以搞定了。汪幫主在考核喬峰時出過許多刁鑽的題，給過許多常人難以完成的重大任務，而喬峰哪次不是痛痛快快地領了任務就走呢？

與戲精主管愉快地相處

「我的主管是戲精，我該怎麼辦？」要找到這個職場問題的答案，推薦先去看華山派令狐沖（見《笑傲江湖》）對上戲精主管的精采回憶錄，他分享了十幾年與戲精長官相處的職場經歷，讓那些有同樣困惑的職場人士產生了深深的共鳴，或許從他走過的彎路裡，能悟出幾番道理來。

在今天，「戲精」也不是百分之百的貶義詞。我們說長官是戲精，開大會小會時演，安排工作時演，接待客戶時演，跟下屬的日常寒暄時也在演。而身為員工的我們呢，何嘗又不是在不停地演呢？演給同事看，演給高層看，演給客戶看。到底哪一個才是真身，哪一個是扮演的角色，搞不好連自己也不清楚。

有人說，人在職場，沒點兒演技哪裡好意思跟新人說自己是資深前輩呢？有時候本事不夠，演技來湊；有時候本事不錯，還得靠演技來錦上添花；有時候沒有本事，就純靠演技撐起職場的進度條了。

既然是頻出「戲精」的時代，那麼在職場上遇到個別戲精主管，那還有什麼壓力呢？只要學一些方法就可以有效地鑑別主管是不是戲精，並且能幫助自己愉快地應對戲精長官。

來看看華山派令狐沖的戲精長官——掌門人岳不群。這個長官的顏值高，常常能讓人產生良好的第一印象。再加上他有不錯的業務能力，在業界也算是有一點兒影響力，所以江湖上稱他「君子劍」。這樣不管認識的人還是不認識的人，對他都憑空增添幾分好感和信任。如果被人起個外號叫「四大惡人」，怎麼也是讓人敬而遠之了。

岳不群在單位很受下屬們愛戴，幾十個弟子都將他看成人生導師、精神偶像，令狐沖就是其中的典型代表。

在整個江湖上，除了那些死對頭會罵岳不群是「偽君子」，其他人都對他很有好感。比如說，他出席江湖人士劉正風舉辦的記者招待會時，他的風度和胸襟就贏得很多人的讚美。在面對有私怨的對頭時，能不計前嫌，客氣地說話，在碰見那些草根習武人士時，他既不傲慢也無偏見，能一視同仁。

岳不群是個讀書人，特別會講道理。在劉正風的記者招待會上，岳不群還苦口婆心地做了一番關於《正人君子應該有所為有所不為》的長篇演講。在場的一眾人等聽得醍醐灌頂，心裡暗暗嘆服，覺得像是免費享受了一場精彩的人生思考課。

那麼，一個如此完美的岳不群是在演戲嗎？在明白人生問題之前的令狐沖是岳不群的第一弟子和頭號粉絲，那時候，他肯定不相信長官是戲精，並沒有看出他人前人後不一樣。打心眼兒裡熱愛長官，每當看到長官，都覺得他全身都在發光，每次聽完岳不群演講後都半天合不攏嘴，心裡別提有多自豪了：我何德何能，跟了這麼優秀的一個長官。跟對人才能做對事啊！

人在職場，長官主管的類型千千萬萬，碰上戲精主管，找對相處模式，那就跟面對其他某一特別類型的主管並沒有什麼區別了。但是，如果你都不能識別自己的上級是哪種類型，甚至把 A 類型和 B 類型混為一談，這就會有點兒麻煩。因為面對不同類型的主管，我們需要不同的相處技巧，這樣才不至於蒙著雙眼在職場上誤打亂闖，才不至於犯了長官們的忌諱，才不至於讓自己接二連三地受到損失。

不客氣地說，令狐沖進職場初期是個盲目的人。職場上，我們對於他人的評價應該盡可能客觀，要摒棄感情因素，但令狐沖沒有做到。所以對長官的盲目崇拜導致他根本識別不出上位者的戲精屬性。既然是戲精屬性，必然事事都喜歡帶著表演的成分，很多呈現出來的東西都不是真的。比如令狐沖以為岳長官對他特別愛護，會提拔他，但這些後來都被證明是他自己的錯覺。

正因為盲目，令狐沖在職場上與戲精長官相處十幾年，才會一次次遭受信任危機和排擠。最初，令狐沖接受了風清揚的業務訓練，突然業務能力大增，這讓戲精長官岳不群的心裡有了芥蒂；但令狐沖從未能通過現象看本質，一而再再而三地遭受職場上的打擊。岳不群的人設在令狐沖的心中始終沒有崩塌過。

令狐沖即便是在被岳不群開除後，仍然對其抱有極大的信任。雖然感到委屈，卻不憤怒，滿腦子想的是他做錯了什麼，從來沒有懷疑他的長官有什麼問題。多年後，他才慢慢地看清並接受華山派岳長官的君子風範不過是表演出來的人設。

因此，學會如何與戲精主管相處的第一步應該是具備識別戲精主管的能力。戲精主管和其他主管大不相同，用錯相處技巧，後果就嚴重了。比如你面對洪七公那樣一個務實的長官時敢跟他演戲？他拎起打狗棒一棒打懵你。老老實實地做事情，老老實實地向他彙報工作和談你的工作計畫吧，別耍花招。他安排你做的事情，你就放心去執行，無須花時間與精力去琢磨他背後的動機。

只要識別出自己的主管是戲精，他所說的話、所做的事情，你就要去多想一想，他到底是哪個意思。他說「你真棒」的時候，你未必真的棒；他說「我是為你好」的時候，他也未必真是為你好。

戲精主管在職場上，究竟靠演技支撐著他的什麼企圖？掩飾他的野心，掩飾他的能力不足沒有安全感，還是掩飾他所犯過的錯誤？令狐沖如果很早就能意識到戲精長官用演技想掩飾的東西，那他至少應該學會韜光養晦，不要引起上司的猜忌。想通這些，才能做到與戲精主管「愉快地相處」。

畢竟人在職場，身不由己，不能因為跟戲精主管三觀不合，就任性地辭職。戲精主管拿他的「奧斯卡表演獎」去，你作為吃瓜群眾對他說的話和他的行為，要有清醒的判斷，做好自己該做的工作。

點破職場迷津

📖 職場上，什麼時候該唱主角，什麼時候不該唱主角，要熟練掌握分寸。明明在工作中出了力，也立了汗馬功勞，如果因為細節處理不當引發上司的疑心，就得不償失了。

📖 如果你在改變自己和辭職兩個方案中難以抉擇，那麼不妨換個角度來開導自己：如今是一個多元價值觀的時代，職場也一樣，大家求同存異就好，又不是相伴終身的伴侶和至交好友，何必強求三觀一致？

📖 作為普通員工或者中層人員，除了在能力、工作方式上適應新長官，所謂「識時務者」還要主動跟新長官增進一下關係，多找點兒露臉的機會，在新長官面前推銷一下自己的能力和創見，去贏得更多的信任，必然會對未來開展工作有所幫助。

📖 人在職場，與領導相處也是跟人相處，需要多換位元思考，多揣摩上級主管的真實想法，說到底熟能生巧，減少急於表現的衝動，自然就能降低踩雷當砲灰的機率。

CHAPTER 4

要人緣也要邊界

第四章

職場上，沒有邊界的人緣是危機四伏的人緣，
沒有人緣的邊界是合作路上的障礙。
保持距離，消除敵意，把同事變成最好的合作者。

丁敏君太好鬥不會是同事眼中的「自己人」

對於職場人士來說，每天相處時間最長的不是父母、愛人，而是同事。可以想像如果每天都在跟同事勾心鬥角，每天腎上腺素都在緊張分泌，這壓力得多大。雖說同事之間最好不要有太深的個人交情，但是掌握好社交分寸，維持一種和平相處的狀態，讓自己成為同事眼中的「自己人」卻是非常重要的。這也稱得上是職場的重要一課。

掌握好這重要一課，不僅能幫你輕鬆自如地處理與同事的關係，也會讓主管覺得你是一個合作型的人，能處理好同事關係，那麼跟客戶、長官相處的能力也可以預期。如果正好你的業務能力還不錯，或許還會覺得可以提拔你當中層，因為你人緣好，總比那些恃才傲物、不受群眾待見的人要合適得多。

《倚天屠龍記》中，峨眉派丁敏君從入職第一天起就不知道搞好同事關係的重要性，她儘管熬成了老員工，但沒有積累出半點人緣。她一路努力奔跑著，熱切地追逐權力，想當中層，還想進入門派管理班子。

但一年年過去後卻悲哀地發現自己無數次當了他人的陪跑。她怎麼也想不明白，為什麼長官不願意選擇自己，為什麼大家不願意支持自己。丁敏君在起點上就錯了，在格局上就輸了，所以後面做什麼都很難做對。要說她的起點並不低，進入峨眉派的時間比較早，一開始還是掌門人滅絕師太比較器重的弟子，在長官面前是說得上話的。如果論資排輩，她曾經排在紀曉芙和周芷若前面，可謂「峨眉一姐」。丁敏君既然有這樣的起點，如果略微分點兒心思在打造良好的同事關係上，對人少一點兒刻薄、多一分真誠，不難贏得小師妹和同事們的尊重和歡迎。

很明顯她不稀罕這麼做，她發自內心地嫌棄所有同事，嫌這個笨、那個弱，嫌這個是新人、那個沒能力，仿佛跟任何一個同事來往都會拉低她身份、浪費她時間，於是她不假思索地選擇了壓制新人、排擠同事。

在一個公司裡，老員工欺負新人不算新鮮事。哪裡有新人，哪裡就有壓迫。我們誰不曾是職場新人，誰不曾小心謹慎地看過公司老員工的臉色，誰不曾在無力反抗的階段只能天天腹誹丁敏君這種人一萬遍？

欺負和為難一個新人的手法有很多，丁敏君運用得最熟練的方法是嚼人舌根、抖人隱私。丁敏君所用的招數，可比那些在老員工中流傳的「如何阻擋新人的晉升之路」、「如何防止新人成為你的長官」之類的職場秘笈過分多了，對這一點，每個新人都很清楚。

紀曉芙不過是丁敏君欺負過的新人中的一個。一開始，丁敏君不過是指揮紀曉芙做這做那，耍耍老員工的威風而已，並沒有把紀曉芙放在眼裡。可是丁敏君慢慢發現，紀曉芙不簡單，不僅在晉升、漲薪的路上大踏步向前，而且發展勢頭迅猛，上頭退休後要讓位給紀曉芙的意思也很明顯。對於敏感的老員工而言，這是個很不好的信號。丁敏君這時再去圍追堵截，哪裡還能趕得上？

她的心裡何止不爽啊，簡直想跳出來罵上司眼瞎。她當老員工這麼多年，憑什麼不能做接班人？憑什麼一個才入職幾年的新人，就要越過自己的位置？

丁敏君的智商、情商未必在線，但她的口才在峨眉派裡絕對少有對手。「有女長舌利如槍」，就是說丁敏君的長舌如投槍、如匕首，句句如刀，見血封喉。她看紀曉芙很不爽，於是夜不能寐，苦思良計。終於逮著一個可以扳倒紀曉芙的猛料了！她四處傳播紀曉芙私生活的八卦，說紀曉芙劈腿，還給新男友偷偷生了一個孩子……，她不僅去公司高層那裡舉報了紀曉芙有個人私德問題，而且還打算召集媒體「週一見」。

然後，她還當著外人的面直接開撕紀曉芙，並且爆出了猛料，這一招直接把紀曉芙給逼哭了。看到紀曉芙被拉下馬，丁敏君心裡簡直爽爆了：你紀曉芙不是長官跟前的大紅人嗎？不是普通同事裡的大好人嗎？　現在這件醜聞曝出來了，看你還有沒有臉見人？還能不能嘚瑟起來？

紀曉芙最終退出峨眉派的舞台。此時此刻，作為一個積極上進、想要為公司奉獻自己才華的老員工，丁敏君對峨眉派接班人的位置更是志在必得。很可惜，領導雖然聽信她的建議後放棄了紀曉芙，但並沒有因此而認可她，也沒有半點兒要對她委以重任的暗示，下一任接班人的事情就一直拖著。

丁敏君只好耐著性子等。她想，這個位置終究會是她的，因為她分析過公司每一個可能的競爭者：跟她一樣的幾位老員工，一看就是那種綿綿軟軟、沒有什麼太大志向的。這種人她直接就忽視了。而排名靠後的新人們，資歷一個比一個淺。這類人她是見一個收拾一個，總得讓她們養成習慣聽自己的話吧。

對於丁敏君來說，有了紀曉芙事件，後來所有同事都成為她眼中的假想敵，於是她的時間與精力全都放在了監視同事的言行和揣測同事的心思上。比如，誰跟長官走得近一點兒，誰有什麼言行，誰可能是自己的競爭對手。同事之間，你把別人當什麼人，別人就把你當什麼人。因此，在同事眼裡，不管是新同事還是老同事，大家都知道丁敏君根本就不是「自己人」。

就算是那些不願意得罪人的老好人，也不想主動跟她走得近。所以，峨眉派的日常畫風是：大家聊天聊得好好的，她一過來，大家轟地就散了；大家有空時一塊兒約著外出玩，但從來沒有人叫她一起去；每年年底的優秀員工評選，也沒有人願意將寶貴的一票投給她。

丁敏君很尷尬地成了峨眉派裡的孤家寡人，卻從沒有意識到問題出在哪裡。一個完全得不到同事信任和支持的人，長官又怎麼能輕易將重要位置交給她呢？不知道又熬了多少年，丁敏君突然發現，儘管自己在嚴防死守峨眉派每一個可能的對手，但仍然是按下葫蘆浮起瓢。她完全沒有發現，居然有一個資歷非常淺的小姑娘——周芷若隱隱又成了上頭的重點培養對象。丁敏君慌了陣腳，開始想方設法地打壓小姑娘的上升勢頭。

但周芷若可不是當年的紀曉芙，她溫和沉靜、乖巧聽話，不僅長官喜歡她，而且同事們也都把她當自己人。長官提拔她時，同事們也都願意支持她，因為支持她總比支持敵人要令人放心吧。

所謂「智者示弱，傻瓜逞強」。周芷若不慌不忙接住了丁敏君毫無風度的打壓，靜待時機，最終反超，擔任了峨眉派掌門人。低調的新人周芷若和張狂了十幾年的丁敏君之間輸贏既定，老員工丁敏君自此不知所蹤。對於周芷若來說，這就是一場「談笑間，檣櫓灰飛煙滅」的戰爭。對於丁敏君來說，這場戰爭自始至終就是個錯。

那個人畜無害的小師妹不存在

提起「小師妹」，我們通常會產生一個刻板印象，覺得那一定是個形象俏麗、天真可愛、人畜無害的姑娘。對男性而言，「小師妹」還常常是個帶有幾分初戀情懷的詞。這就真的是職場版的「傲慢與偏見」了。拋開情懷的濾鏡回到現實中來，小師妹真的都是「天真可愛、人畜無害」嗎？

看看公司部門新來的那個小師妹，她究竟是哪一款呢？是溫柔善良的儀琳、刁鑽機靈的黃蓉、穩重的程靈素、詭計多端的阿紫、不斷改變的岳靈珊？或許哪一款都不是，她們可能更追求實用主義。比如，她們時不時來找你閒聊母校的一切，你都能預測出開場白後的第幾分第幾秒裡，她便會把話題自如切換到工作上，問你怎樣才能獲得某個珍貴的培訓機會，問你實習完畢後怎樣才可以留在公司，問你某某主管有什麼喜好……，你懂這個套路：小師妹的重點不是談母校、談情懷，而是向你探資訊、找資源、求幫助。

小說裡也有很多厲害的小師妹，比如《天龍八部》裡的阿紫，一般人碰上她都會搞不定。說她世故肯定是世故，說她天真其實也還有天真的一面。只不過，「天真」是她眾多面具中的一種。等到她實力強大時，她便可以開始為利益而戰，直接撕開溫情和天真的面具而向師兄挑戰。在書中，阿紫一邊笑語盈盈，一邊將一碗毒酒遞給師兄：「二師哥，怎麼啦？小妹請你喝酒，你不給面子嗎？」作為阿紫的師兄，打死也想不到自己一向照顧著的天真小師妹，有一天會為了利益而不惜與自己為敵。

比如《射雕英雄傳》裡智計百出的小師妹黃蓉，在危險時分，對師姐親熱中又帶著威脅的意味，狠狠地利用了師姐梅超風的桃花島情懷，讓師姐出手助她，共同對抗敵人。等敵人下線、問題解決了，師姐的價值已經用盡，小師妹翻臉比翻書還快：我跟你三觀不合，咱倆還是橋歸橋路歸路吧。作為黃蓉的師姐，梅超風雖然明白自己會被她利用，但克制不住心底的情懷；明知道幫小師妹很麻煩，還是不計成本地幫下去。

這些落井下石後還把井蓋牢牢蓋上的小師妹，這些過河拆橋後揚長而去的小師妹，是不是都太厲害了？雖然是新人，可人家比你這個職場資深人士其實更資深。沒有人會說，職場混的年頭長了就一定是資深人士，初入職場的人就一定是菜鳥。

時間不能說明一切，只有那些有目標且刻意練習過的人，才能快速地獲取職場經驗，穩妥地把握住職場命運。

職場上大家都要生存，不管是初入職場的小師妹，還是混了多年的資深人士。如果「天真」這樣的新人標籤會導致他人的不信任，會遭遇到打壓和排擠，相信小師妹們很快就會鍛煉出來，揭下標籤只是時間問題。但如果在一個公司裡，「天真」的標籤反而能帶來制度上的傾斜，帶來一些熱心人的關愛照顧，那麼她們又何必急於撕掉這張標籤呢？所以，我們在職場上所看到的那些小師妹，到底是真的天真，還是為了獲得關照而堅持每天戴著天真的面具呢？

每個人都有自己的目標和價值觀，有的小師妹雖然職場閱歷不深，但特別明確地知道自己要什麼，也特別懂得借勢，去向周圍的人獲取資源和求得幫助。我們可能跟她三觀不一，道不同可以不相為謀，沒必要拆穿真相，也沒必要進行道德評判。只是在跟這些小師妹相處時，最好只保持友好、安全的社交距離。我們既然不想認同，就無須甘當人梯，以防自己掉入坑裡。如果是舉手之勞的友情幫助，那麼無須吝嗇，幫了就幫了，不要在乎回報——明知道她們也可能不會回報。

俗話說：防火防盜防師兄。其實師兄們也有委屈，掉進小師妹「天真」的坑裡，把自己賣了還幫著小師妹數錢的大有人在。《笑傲江湖》中的令狐沖就是這樣的好師兄。

令狐沖早年職場不順，長官左右看他不順眼，這些他都能無所謂。他對小師妹岳靈珊言聽計從，小師妹求他幫忙，他沒有不答應的。面對天真爛漫、成天撒嬌賣萌的靈珊小師妹，令狐沖顯然沒有意識到，小師妹曾經是天真的，但不代表永遠天真，她也會變，變得會猜疑和挖苦，變得將好心當成驢肝肺。

像令狐沖一樣把小師妹想得很簡單的大有人在，覺得小師妹還是個新人，沒什麼實力，又那麼天真，怎麼可能會挑戰自己，又怎麼可能威脅到自己。在他們眼裡，那些軟萌的小師妹們似乎只會喜歡化妝品和包包，而對職位、薪水沒有任何野心。因此，他們甘當人肉快遞，處處幫助和維護小師妹。

但是職場上過於熱心地幫助別人，有時反而看起來像是有所企圖，別人會想你令狐沖是覬覦小師妹這個人，期待小師妹的知恩圖報，鞏固你在公司的地位，對你的發展有利。這樣，你原本的一片真誠和好意就被濫用了，費力又不討好，掉進坑裡還不容易爬上來。

有個在國營企業工作的朋友，手上有一點兒人事權，有一年部門位來了個實習生，恰巧是他的同門小師妹。小師妹特別會來事兒，實習期快結束時，小師妹便苦求他幫忙，希望能留在這家公司。善良的朋友顧念同門之誼而慷慨幫忙，小師妹不僅得以留下，還解決了戶口。但沒過半年，小師妹就悄沒聲兒地跳槽到另一家競業公司了，很明顯這一切都是早早就規劃好了的，只是這個規劃並不包括知會師兄。這件事引起了內部的極度不滿，根據合約起訴了小師妹，而這個朋友也因此受到部門主管的抱怨。

與小師妹相處，成為很多職場人士的「理智與情感」的兩難抉擇。有情有義不是壞事，但人在職場，非理性的情義可能會給自己的未來挖下大坑。切記，職場上規則第一。歸根結底，小師妹雖然是過去的小師妹，但在職場上的身份首先還是你的同事。同事之間相處，既遠不得也近不得。太遠，人家會覺得你冷漠傲慢，不是自己人。太近，又容易失去邊界而被人利用。職場上，師弟師妹年年都會有，把握不好相處原則，認那麼多親幹嘛？

程靈素的職場「朋友圈」

好人緣在職場中不可或缺。它多少意味著某種程度的歲月靜好，可以帶來更愉快的合作機會，遇到麻煩時有人願意幫忙，票選時也能妥妥得到人家的寶貴一票。我們希望被同伴認可，希望打造職場中的「朋友圈」，因為沒有誰願意成為峨眉派丁敏君那樣的孤家寡人。

好人緣需要經營。同事相處中要寬容，得饒人處且饒人，這樣才會擁有好人緣。寬容是美德，但寬容不是無底線的讓步。無底線的讓步就容易變成討好型人格。討好型人格不僅很累，而且並不能帶來真正有效而健康的人際關係，那個永遠溫暖、永不生氣、永遠讓步的人設早晚會崩塌。

在經營好人緣的過程中，寬容的分寸很值得討論。舉例來說，假如真的遇到有人背後給你衝康、向你放冷箭，你要如何處理這件事情？你覺得這究竟屬於「得饒人處」還是「不可饒人處」？

遇到這個問題，有人選擇把仇恨寫在臉上，「我與你勢不兩立」；也有人選擇把仇恨放在心底，「君子報仇，十年不晚」。雖然可選的解決方案並不多，但也不至於非黑即白，從一個極端到另一個極端。《飛狐外傳》裡，程靈素選擇的是第三種態度——寬容，並且在合適時機裡巧妙地做了一次順水人情。

你有沒有想過像程靈素這樣，面對那些對自己放過冷箭的人，仍然做到雲淡風輕，揮一揮衣袖，作別過去的一切不愉快？很多人說，憑什麼呢？原諒那些給自己挖過坑、埋過雷的人，不就等於多年的委屈白受了嗎？當年，甲給我挖過一個坑，害得我考績沒過；乙給我埋過一個雷，害得我損失了大單子；丙給我挖走了一個大客戶，害得我幾年沒賺著錢。人情是你來我往，鬥爭也是「來而不往非禮也」，有恩報恩，有仇報仇。

有一種寬容是萬般無奈下的寬容。別人動了你的乳酪，你雖然生氣，但是你沒轍。因為你既搶不回那塊乳酪，也不敢得罪搶乳酪的人，所以你只好笑著說：「正想送給您一塊乳酪呢。」你以為這樣就討好了對方，以為對方會承你的情、念你的好，以為你們之間仍然有情義？當然，這都是自欺欺人。

程靈素肯定不屬於這種無能狀態下的寬容的人。要知道，她可是毒手藥王的關門弟子，年紀不大，才智、膽氣、格局卻樣樣出類拔萃。藥王年紀大了想退休，最終選了他心目中最優秀的小弟子——程靈素來繼承衣缽，於是他不僅將全部本事傳授給了程靈素，還把「藥王門」這個金字招牌也交給了她。

藥王門雖然不是江湖上實力最雄厚的大企業，卻是巨大的潛力股，說不定哪天拉來風險投資，就可以上市擴大規模了。藥王門的幾個大弟子也算是行業翹楚，對企業未來多少是有判斷力的，因為抱有很大期望，所以才沒輕易離開，而是踏踏實實盯著公司 CEO 的職位，一盯就是十幾二十年。

程靈素的師兄師姐們萬萬沒想到，藥王門會上演小師妹後來者居上的戲碼，回頭去看此前的政治鬥爭未免覺得簡直像一個笑話，因為大家鬥來鬥去居然鬥錯了對象。於是，他們整齊劃一地調轉頭，空前團結地開始一致對付程靈素，想要將她趕下台。然而，就在師兄師姐們重新改變鬥爭方式，仍然死盯著 CEO 這種簡單目標時，程靈素早已經進入遊戲的另一個賽道了。

在這個賽道上，程靈素不僅可以輕鬆地搞好業務，管好藥王門，而且還可以由自己帶節奏，輕鬆化解師兄師姐們的刁難。更重要的是，在程靈素眼裡，這些所謂的辦公室政治與藥王門事業相比，完全不值得一提。

師兄師姐們自以為熟讀《鬼谷子》等各種權謀秘笈，自以為計謀奇絕、用兵如神，上演的卻不過是各種「此地無銀三百兩」的「計謀」。程靈素很感慨：為什麼別人家的師兄師姐都是菁英，而自己只能遇見奇葩，簡直想給師兄師姐們的聯合智商充值添數，只得看在同門情誼和師父的面上，不去計較，讓他們以自己喜歡的方式去折騰吧。

胸有成竹的程靈素首先有著原諒對手的姿態，其次有無數原諒對手的機會，於是，在關鍵時刻她輕輕地一筆勾銷了舊恩怨，還做了個順水人情，幫助二師兄解決大麻煩：二師兄的兒子受了重傷，無人能治，而她是醫術高超的好大夫。所以，她特意上門去幫二師兄的兒子治病，捎帶著還用以柔克剛的態度給二師兄指點了人生，所有的態度都在這個指點之間。二師兄也並不笨，欠著師妹巨大的人情，心裡瞬間明白——她不是幹不掉我，而是手下留情。

換誰都覺得是「不可饒人處」，程靈素卻胸有成竹地將二師兄的冒犯變成了「得饒人處」。所以，得饒人處且饒人嘛，這再輕鬆不過。因為在與師兄的競爭中，她是主場；在這種關係中，她處於掌控地位，進退都由她決定。

在職場上，如果有程靈素這樣的把握，這種得饒人處且饒人式的順水人情有兩個好處：一則可以在同事中打造好的人緣，幫助他人有時就是幫助自己；二則可以借此在同事中積累起自己的人脈資本。不過，對於程靈素來說，師兄是否承她這個情，是否從此對她感恩戴德，是否從此唯她馬首是瞻，都不重要。

程靈素不是討好型人格的人。她勝過普通人的地方就是她具有職場高情商和魄力，面對同事挖的坑，她不但沒有打擊報復，反而選擇了寬容，而這個寬容又不是一般意義的寬容。逮著機會有仇報仇的人，不過是更基於眼前的好處的考量：報仇了，就不怕被別人說自己是窩囊廢，也不怕自己會錯失良機。然而，在這以牙還牙的過程中，雖然揚眉吐氣了，但也可能從此將陷入跟對手互相鬥爭的循環裡。

這些人或許永遠無法理解程靈素不但原諒放了冷箭的競爭對手，而且還幫助對手度過難關的行為，或許還會覺得程靈素放過報仇機會的行為很傻、很憋屈。如果能跳出這個侷限，冷靜地去看人與人之間的恩恩怨怨，再來看程靈素以德報怨對待師兄師姐的事，這不正是諸葛亮七擒孟獲故事的翻版嗎？

因為大家不在一個賽道上，因為程靈素的實力和內心都足夠強大，所以才會將那些個人恩怨看得雲淡風輕。就好像孫悟空和如來佛之間，孫悟空連博弈的資格都沒有，如來佛又何須思考鬥爭輸贏的事情？這樣才支撐著程靈素輕鬆地做到寬容，做了一場順水人情，而對方自然會明白，放過他不是因為滅不了他，而是不屑去滅。

三流的眼界和能力做不了一流的事情。要想有一天也能雲淡風輕地解決同事間的爭名奪利，能像程靈素那樣得饒人處且饒人，那就先修煉自我和提升實力吧！

「老實人」標籤的好處

職場上，生活中，即使是老實人，也不樂意被他人貼上「老實」的標籤。因為「老實」這個詞及其意義相關的詞如「老實古意」、「憨厚」、「淳樸」、「實在」等，都對人不太友好，像是在冒犯和鄙視人的智商和情商。琢磨琢磨就知道這好比說你在社會上混不開，不靈光，不機靈。在很多人眼裡，做老實人總是要吃虧的。

什麼叫吃虧？有時其實很不好界定。在職場上你是多幹了一些活兒，但在這個沒有加班費憑空多出來的活兒裡，你用心去琢磨了，可能得到了更多的回報，比如說提升了業務能力、開拓了客戶資源。但是如果從短期的眼光來看，這絕對是吃虧了。因為你義務加班那天，的確是晚回家了，損失了在家休息、看書、追劇、敷面膜的時間。

什麼叫吃虧？也看人的心態。喜歡攀比的人，工作上比別人的任務多一點兒就會嚷嚷不公平，憑什麼自己要多做一點兒，獎金又不能多拿一分，多做就是多吃虧。同事之間相處，有時順手可以幫別人一把，他也會不樂意地嘀咕：大家都有手有腳，為什麼我要免費幫你做？

計較眼前利益的人未必會得到長期效益，甚至可能會失去人心或失去更多。不在乎眼前利益的人看起來傻，有時反而贏得了人緣。所以是不是吃虧，其實界限很模糊。

就像《射雕英雄傳》裡的郭靖，他夠老實吧？而他的義弟楊康夠聰明吧？在這個對比組中，老實人和聰明人究竟是誰吃虧了？要知道，老實人並不傻，只不過老實人的道德底線比一般人高，不會犧牲他人利益而謀求自己的利益，當然也不會一味地犧牲自己來成全他人，這麼做的話就是爛好人。

從古至今，書裡書外，都有很多人會覺得，無論在職場上還是生活中都不要做郭靖那樣的老實人，太吃虧了。郭靖在離開蒙古草原回江南故鄉前，好哥們兒拖雷就提醒他，有些人說話常常不算數，你可得小心，別上了當。拖雷的擔心可以理解，正如父母、朋友擔心和告誡老實人那樣，在求職時不要被那些空殼的騙子公司給呼攏了；工作中要小心，要踏實幹工作，不要被那些處心積慮的人利用了。但拖雷不知道，郭靖這個老實人幹了很多讓人覺得傻的事。不過，郭靖並不傻。他這樣的老實人，只不過寧願自己多付出、少得到，也要讓合作的人獲取更多的利益。

郭靖剛出道，在張家口就被扮成小叫花子的黃蓉騙得團團轉，當了冤大頭，不但花了大把銀子請黃蓉吃大餐，還把名貴的貂裘和汗血寶馬送給她。如果是在職場上，那些聰明漂亮的女同事經常讓你幫忙幹這個、幹那個，你最後是不是連自己的工作也只能加班加點才能完成了？這是吃虧嗎？

郭靖在人生地不熟的京城見義勇為，出手相救賣藝父女，結果由於實力懸殊而被人傷得不輕。旁人都忍不住替他害怕，萬一遇到「碰瓷」組織或得罪黑惡勢力怎麼辦呢？如果是在職場上，老實人不畏強權地為弱勢群體挺身而出，而維護的這個權益又跟自己沒有半毛錢的關係，這樣的行為就不怕得罪公司領導從而影響自己的前途嗎？這是吃虧嗎？

郭靖曾碰到一個難得的好機會。丐幫幫主洪七公打算教他武功，但不許他學會後轉教給黃蓉，郭靖聽了感到左右為難：怕黃蓉讓自己教，如果不教就覺得對不起黃蓉；如果教呢，又覺得辜負了洪七公。這兩邊他都不想得罪。他思前想後，最後乾脆拒絕了洪七公。洪七公當場就慫了：我這麼給你臉，要教你武功，你小子居然還放棄不學了？就像在職場上，遇上長官提拔的機會時，一個老實人卻覺得某個同事做得比自己更好，也真心想為同事好，於是將機會讓給他人。如果上司採納了他的建議，他因此錯失了機會，這是吃虧嗎？

在職場上，郭靖這樣的老實人也許是公司櫃檯收發的郭大爺，週末好心幫你收了幾十斤重的快遞包裹，還不厭其煩地在週一幫你搬到辦公室；也許是公司內勤郭妹妹，你下班前隨手扔給她的一些資料和檔，她總是寧可自己加班都會幫你整理好；也許是你們公司業務郭哥哥，業務上守本分，不爭不搶，日常還會熱心幫人換個燈泡、修理電腦。我們喜歡跟這樣的老實人打交道，他們不僅對人熱情、有求必應，就算偶爾被欺負一兩次也沒有關係。他們沒有鋒芒，與世無爭。

對於老實人，用對了勁兒、用對了地方的老實和吃虧，從長遠來看，能幫你獲得同事的信任和長官的欣賞。

職場上可以隨叫隨到、提供暖心服務、不圖回報的郭大爺、郭妹妹、郭哥哥們非常稀有。我們也並不願意做這樣的老實人，因為我們活得太明白了，不想吃一點兒虧。多幹活兒少掙錢的事，很難讓人接受。長官流露出提攜之意，因為想到別人更合適而把機會讓給別人，這也很難接受。機會難得，誰不想早日晉升？與同事合作，利益分配時你六我四？很難接受。為什麼你要多得而我少得？在跟同事相處時，這個那個求幫忙？很難接受。對不起，我又不是義工，哪有那麼多時間來應付？

只是，看起來既精明又會算計的我們，又怎麼會是洪七公看重的人呢，又怎麼會是同事所信賴的人？

天底下，把職場上的爭和讓、得和失把握得分毫不差，很少有人做到。老實人郭靖雖然一味地在謙讓、在吃虧，但比精明算計的人得到了更多。他拒絕洪七公教武功時，既老實又誠懇，卻贏得了洪七公的信任，在他的人生中，這種品質幫他一而再、再而三地獲得了幸運女神的眷顧。

有兩碗雞湯擺在你面前，一碗是「吃虧是福，吃苦是貴」，另一碗「天下熙熙皆為利來，天下攘攘皆為利往」。你會糾結選哪一碗嗎？

傻白甜不黑化也有精彩職場

很多前輩一定警告過你：職場上當「傻白甜」是不行的，分分鐘都會被人虐成渣；在職場劇、宮鬥劇裡也活不過第一集。在這些劇裡，傻白甜要想活下去，只有一條路可走——黑化，然後反轉人生劇情。她們通常最初都是苦情人設，一直在被壞人狠狠地虐和騙，被踩到了最底層，然後黑化，接著就逆襲，此時要風得風、要雨得雨，終於痛快地活出自己想要的人生。

這個職場「假說」有待商榷。以生活在叢林中的小白兔為例，小白兔固然是食物鏈的低端物種，但無須黑化，只憑著「狡兔三窟」的智慧和強大的奔跑技能也能做好安全自保，贏得在叢林生存的一個席位。

用同樣的邏輯，職場傻白甜也可以提升適應能力，從而避免被虐的命運，找到適合自己的生存空間。來看看《笑傲江湖》中恒山派的小師妹——儀琳。對，儀琳就是那個一出場便被名聲很臭的田伯光抓走的小姑娘。她性情溫順，善良柔弱，是典型的傻白甜。

照職場資深前輩的那個假說來推測，在暗流洶湧的職場上，傻白甜的儀琳大概就是個受氣包，日常就是個只會委屈自己、討好別人的慫人。如果恒山派人事部要苛扣她的薪水、年假，給她降職、調崗，想來她不會說半個「不」字，也不敢抱怨，更不用擔心她會去勞動部門告恒山派侵犯她的勞動者權益了。如果恒山派的同事像儀清、儀和等有資歷的大師姐，鄭萼、秦絹等頭腦好使又很會來事兒的師姐妹們合起夥兒來擠對她，把誰都不想幹的活兒塞給她，讓她義務加班；讓她給大家發發快遞、跑跑腿；讓她沒事兒就請大家吃冰棒、吃西瓜；大家聚餐推給她埋單，她估計都會乖乖接受吧？她敢去長官面前告你狀嗎？不敢的。

儀琳給人的印象是傻白甜，在人情世故上一派天真。心軟是真，但是真傻嗎？不是。她對公司的人際關係其實還挺敏感，對身邊的長官和同事有過細緻觀察：「在白雲庵中，師父不苟言笑，戒律嚴峻，眾師姊個個冷冰冰的。」

從字面的描述看，這像是一個每天都處於低氣壓的公司，長官成天不苟言笑，高深莫測，讓人難免時刻提心吊膽，不知道他對自己的工作是不是滿意。而同事之間呢，一個個冷淡。更不知道朝夕相處的這群人在心裡如何評價自己，會不會在長官面前告自己黑狀，會不會在自己的背後捅刀子。

儀琳對恒山派的人際關係和環境特點摸得門兒清，雖然大家看起來既嚴肅又冷漠，不過是因為大家對很多事情都沒什麼特別的熱情。這是由恒山派本身的特殊環境造成的。它的氛圍確實跟其他公司不一樣，其他公司裡大家為爭個位置鬥來鬥去、頭破血流，這裡卻風平浪靜，說這裡是一潭死水也不為過。

一個快在同行業要墊底、靠著宗教優勢度日的小公司，根本談不上什麼辦公室政治，公司裡上上下下一片平靜。大家吃著大鍋飯，誰也不稀罕多爭那一口。雖然錢掙得少一點兒，但是這裡的女員工們也沒什麼掙錢買車買房的需求，也沒有幹一番大事業的志向。所以，錢少活兒少，包吃包住，大家的幸福指數也都挺高。

值得思考的是，到底是這樣的恒山派導致儀琳變成了「傻白甜」，耽誤了她的職場進化，還是因為她是「傻白甜」而只適應恒山派這種單位？畢竟，人總是要適應環境的。

一般來說，傻白甜在職場上容易變成被欺負的對象，但在恒山派，儀琳居然是人人都願意親近的可愛「團寵」。當她遇到困難時，她的暴脾氣長官——定逸師太可以像老母雞護雛一樣，在外人面前堅定地維護她。當她苦練業務能力時，她的兩位師姐儀清與儀和花了大量時間和精力指點她、幫助她。而且，從前任長官定逸師太到新上任的領導令狐沖，都非常喜歡儀琳，就連未來的長官夫人也對她很有好感。

在恒山派這樣一個人情相對淡漠、辦公室政治都很平淡的環境裡，要成為人見人愛、花見花開的恒山派「團寵」，難道不算是一門好本事嗎？我們所見到的儀琳不那麼精於世故，「傻白甜」得恰到好處，對任何人都沒有半點兒威脅，是真正的人畜無害。再加上她秉性純良，心地寬厚，也更為她加分。

新長官令狐沖很器重儀琳，大家猜測領導未來可能會傳位給儀琳，就更加對儀琳另眼相待了。但儀琳從一開始就表示自己的業務能力不夠，也不適合這樣的管理崗位，總在嘴邊掛著一句話：「小妹練來練去，總沒什麼進步。」這樣的策略就很高明，難道是沒有經過深思熟慮隨口說出來的嗎？在職場上既然不想晉升，就不會去遮住別人的光芒，也不會擋住別人進階的路。

即便是在鬥爭激烈的峨眉派，靠這一招也能基本自保了。峨眉派小師妹、第四任掌門人周芷若也曾把類似的話掛在嘴邊念叨了許多年，為自己贏得了搶跑和逆襲的時間。不同的是，儀琳是真的無心名利，而周芷若只是韜光養晦。

儀琳這位傻白甜其實有很強的學習能力，她的能力也妥妥地支撐著她找到了適應環境的最佳方式。如果把她放在峨眉派，有滅絕師太這樣的厲害領導，有丁敏君那樣的厲害同事，她大概也能打起十二分精神、拿出一百倍的時間和精力來應付人際關係，怎麼著也會讓自己無害的小爪子上多長出一些銳利的尖刺來吧？畢竟只有這樣才符合小白兔的進化規律，從而在叢林裡生存下來。至於她到底會隨著環境進化成貝錦儀、靜虛師太一類人，還是紀曉芙一類呢，不得而知。

很多像儀琳一樣性情綿軟的姑娘，並不想要「傻白甜」這種標籤，都期待自己變得有鋒芒、尖銳，當有人踩到自己頭上來的時候，能勇敢地撲過去給他一爪子。但是，如果養不成狐狸的心機，也長不出老虎的利爪，那又何必苛求自己非得同時有心計、有演技和有利爪呢？萬一用不好，殺敵一千，自傷八百，也是不划算呢。

我們要有底線，即便是小白兔，也一定得有最基本的狡兔三窟的智慧和奔跑的技能，然後不惹事、不樹敵，慢慢找到適合自己的生存空間。

狼性團隊裡練就十八般武藝

不同的企業有不同的生存環境，有的公司制度嚴苛，競爭慘烈，大家為了稀有的職位和資源互相鬥紅了眼；也有的公司看起來風平浪靜，人與人之間基本上保持著親密團結，沒有衝突和競爭。

從發展的角度來看，競爭才是保證公司發展的原動力。如果公司內部缺少了競爭機制，業務能力和業績不考核，幹多幹少、幹好幹壞都在同樣的位置上，拿同樣的薪水，大家對職位、薪水和資源都沒有動力去爭奪，那麼，這家公司從根子上就萎縮了，因為人人都沒有鬥志和激情了。上上下下都親如一家的恒山派，不就一直無法大規模發展嗎？張三豐和武當七俠時期的武當派，師兄弟之間看起來也都情同手足，結果呢，這種一團和氣的狀態最終還是耗光了武當的氣數，在張三豐之後，武當還在，卻再無大師。

公司內部有競爭是好事，這是公司保持前進的強大驅動力。但正常的競爭一走偏，就帶來了人與人之間為了利益的互相傾軋，有可能就變成了大家表面一團和氣，私底下全是勾心鬥角。比如，華山派的劍宗氣宗為爭奪學術地位鬥得你死我活，毒手藥王門下弟子為奪本門秘笈而大打出手，峨眉派丁敏君為爭奪掌門人之位年復一年當著職場一霸欺負後輩。在這樣的公司環境裡，如果你不鬥，估計大家吃完肉後你連湯也喝不上。同事間爭來奪去，你方唱罷我登台，但就是沒有你的機會，你一輩子只能當個跑龍套的路人甲。

把這種惡性競爭發展到極致的就是所謂的狼性團隊文化，在這樣的團隊裡，每個人都處在戰鬥狀態，誰跟你講兄弟情誼，誰跟你推心置腹？因為這裡全都是對手甚至是敵人啊。公司業務的第一名只有一個，團隊的領導只有一個，所有人盯著的目標是同一個，而只有戰勝他人才能跑到終點拿到這個夢寐以求的犒賞。在這種公司裡，沒有七十二變和十八般武藝，真不知道會被虐成什麼樣。

狼性團隊自有一套狼性的管理理念，首屈一指的莫過於淘汰機制：誰的業務第一誰就當老大。就像某些企業裡會按年度、季度、月度做出銷售排行榜一樣，誰的業務第一，誰就是明星、功臣。公司會把他的名字和照片高高懸掛在醒目的牆壁上，讓他的精神感召每一位員工，也讓每個員工時刻在淘汰機制中焦慮不安，不斷地督促自己努力工作。

拿現代企業類型來對標，《天龍八部》中的星宿派就是江湖中最穩妥的狼性團隊，其員工的狼性遠遠勝過其他江湖門派。星宿派那些高級員工的業務能力十分彪悍，「星宿派武功陰毒狠辣，出手沒一招留有餘地，敵人只要中了，非死也必重傷」。企業文化崇尚狼性，在職業成長的路上，每個員工都是從披著狼皮的羊到披著羊皮的狼，最後成長為披著狼皮的狼。在團隊內部，這種狼性競爭也充滿著「你死我活」的氣息。

在星宿派，除了星宿老怪這位公司創始人、老闆，團隊領導就是權力最大的那個人，誰要是不服，領導可以隨時處治，老闆管不著，勞動部門也管不著。當然，第一把交椅不是誰都能坐上的，也不是一輩子都能坐穩的，因為隨時會有人來挑戰你。只要挑戰者贏了，上一屆的老大就得乖乖讓位。

在這樣惡劣的職場環境裡，即便是單純的職場「小白」，為了生存也必須迅速地將自己訓練成狼，才能適應這裡的規則。同事之間缺少信任感，人人都充滿焦慮，沒有安全感。阿紫的第一份工作就是在這個殘酷的狼性環境裡，她不斷地調整和適應，早已習得狼性團隊裡的一切規則和價值觀。

大多數讀者都不喜歡阿紫，覺得阿紫既殘忍又歹毒，有時甚至毫無人性。沒有相似的成長路徑和環境，我們確實很難對她的行為和想法感同身受。拋開道德層面對她的審判，單看她的能力，在狼性團隊裡工作多年，並且混得好好的，這不能不說是一種本事。

阿紫本人其實就是狼性團隊各種競爭文化的「集大成者」，她所練就的狼性團隊生存的「七十二變和十八般武藝」，究竟能給我們的職場帶來什麼啟發呢？

在星宿派，當「傻白甜」，當老實人，肯定都是不行的。阿紫是很晚才入職的小師妹，本來地位很低，不管是按職場閱歷來論資排輩，還是按業務能力來排座次，都只能坐後排。如果以座次來論身份的話，那麼當師兄們說話談事時，她可能連插話的份兒都不會有。一個狼性團隊，並沒有那麼多客氣可講，要的是實力。如果任憑自己永遠業務能力弱、資歷淺下去，那就真弱到沒有存在感了，又哪裡會有職場的安全感？

阿紫在狼性團隊裡練就的本事中，第一項就是競爭意識，並不斷鞭策自己去提升業務能力。在星宿派，你說我不稀罕晉升，也不稀罕漲薪，只想做一個普通員工，坐在路邊為同事們鼓掌就好，這是不行的。狼性團隊不允許這樣，所有人都必須充滿幹勁勇往直前，不能後退。

阿紫練就的第二項本事是好口才。這幫她在狼性團隊裡贏得了一些信任和表達的機會，並因此為自己爭取到了一些利益。比如利用好口才，可以實施緩兵之計，拖住敵人或者讓敵人相信自己：「怎麼啦？小妹請你喝酒，你不給面子嗎？」可以用作糖衣炮彈：「你的本領大進了啊，可喜可賀。」可以用作洗腦神器，麻痺敵人：「三師哥說什麼，我就幹什麼，我向來是聽你話的。」這樣的好口才和表演能力，如果星宿派舉辦演講比賽，阿紫說自己是第二，誰敢排第一？

阿紫的第三項本事就是強大的應變能力和高警惕性。無論在多麼危險的情境裡，清醒的頭腦都能幫她迅速解決問題、化解危險。不管是內部鬥爭，還是行走江湖，基本只有別人掉進坑裡，她還從來沒有掉入坑裡過。

最終讓阿紫反轉了職場命運，真的擁有了話語權，不是只憑前面這幾樣「武藝」，而是她拿到了星宿派的鎮派寶物——神木王鼎，相當於拿到了公司的最高機密、核心資源，因而扼住了公司命運的咽喉。

雖然引來了一連串的麻煩，但正因為掌握了這一資源，阿紫才能氣場全開地站在老闆對面，擁有了跟老闆談條件的資格，也才能在同事面前有更高的姿態。拿到這樣的核心資源，是天上掉餡餅嗎？

阿紫歷盡千辛萬苦，慢慢摸索出這套在狼性團隊文化求生的「十八般武藝」，而且最終從能力、資歷、座次都不如人的小員工成長為可以主宰自己職場命運的人，光想想這個過程就很勵志了。而她的「十八般武藝」對於職場人士來說，也許不一定都有用，但是，在職場上精准地練就好本事，打造一套專屬自己的核心競爭力，藉此立穩腳跟也不是難事。不論在哪種企業環境，不論團隊成員之間的關係是複雜還是簡單，就都可以掌控自己的職場命運，為自己帶來更多的職場安全。

點破職場迷津

📖雖說同事之間最好不要有太深的個人交情，但是掌握好社交分寸，維持一種和平相處的狀態，讓自己成為同事眼中的「自己人」卻是非常重要的。

📖三流的眼界和能力做不了一流的事情。要想有一天也能雲淡風輕地解決同事間的爭名奪利，能像程靈素那樣得饒人處且饒人，那就先修煉自我和提升實力吧！

📖對於老實人，用對了勁兒、用對了地方的老實和吃虧，從長遠來看，能幫你獲得同事的信任和領導的欣賞。

📖即便是小白兔，也一定得有最基本的狡兔三窟的智慧和奔跑的技能，然後不惹事、不樹敵，慢慢找到適合自己的生存空間。

📖只要精准地練就好本事，打造一套專屬自己的「十八般武藝」，憑藉這些核心競爭力，不論在哪種企業環境，不論團隊成員之間的關係是複雜還是簡單，就都可以掌控自己的職場命運，為自己帶來更多的職場安 全。

CHAPTER 5

職場
到底怎麼「混」

第五章

做一個細心的觀察者和審慎的行動者，
每一份規則與潛規則裡的智慧，都將說明你避開錯誤，
在職場上完成華麗蛻變。

凡事留一線，日後好相見

三十年河東，三十年河西。誰能預料今天一個四處求人的底層小職員，多年後就是某個領域的成功人士呢？所以收一收飛揚跋扈、欺壓弱者的心，其實也是給自己留了機會，正是俗話所說的：凡事留一線，日後好相見。

與「凡事留一線」相對的處世哲學大概就是「斬草除根」、「趕盡殺絕」。職場上很多競爭都有排他性，例如，《倚天屠龍記》中峨眉派掌門的位置就只有那麼一個，參與競爭的人卻很多。出於個人利益考慮，丁敏君選擇了「斬草除根」，一點點削弱競爭對手紀曉芙的勢力和資源，當紀曉芙倒楣時，還迫不及待地過去踩一腳，從來沒有想過給人留一線生機。出於慣性，丁敏君瘋狂地「斬草除根」，不只是針對一個紀曉芙，而是針對不同時期構成競爭威脅的所有同事。

結果，她跟所有同事都成了敵對者。更可怕的是，她最終在競爭中落敗，一個不太起眼的小師妹居然逆襲成功當上本門派的掌門人，她卻只是個工齡長的老員工而已。她不僅一番努力付諸東流，而且在峨眉派都待不下去了。早知今日，何必當初那麼心狠手辣？如果為自己留一條退路，不和同事撕破臉，又怎麼會有後來？

《神雕俠侶》中古墓派李莫愁曾經為了爭奪本門派的秘笈，對師妹威逼利誘，見師妹不配合後又接二連三地給師妹挖坑，擺明了一副趕盡殺絕的態度，把師妹逼得走投無路。她在春風得意之時壓根兒就沒想過師妹將來也會一鳴驚人、一飛沖天，更沒想過人不可能萬事不求人，真有一天遇到生死危機時，厚著臉皮開口向師妹求救，結果不僅被旁人冷嘲熱諷，而且並沒有得到師妹的原諒和援手。

早知今日，何必當初要趕盡殺絕、不留餘地？《笑傲江湖》裡有一個小故事，講的是如何在關鍵時刻為自己留退路。故事的主角是日月神教的幾個底層小員工：游迅、玉靈道人、西寶和尚、仇松年、嚴三星等，都是沒什麼名氣的小角色，跟路人甲、路人乙差不多。

有一次，他們接了一個工作之外的訂單——跟人去一鍋端掉恒山派。對方先給了一點兒預付金，餘款在事成後再付，所以這幾個人幹活兒還挺賣力，在恒山各山頭進行了一次地毯式搜索。還真是踏破鐵鞋無覓處，得來全不費工夫，他們居然輕鬆撿了兩個大人質：恒山派掌門人令狐沖和日月神教教主之女任盈盈。更令他們驚喜的是，這兩個人被封鎖了穴道，不能動彈，也省了大家制伏人質的力氣。如果把他們倆交出去，開口跟雇主要個高價，不就發橫財了嗎？

大家激動過後馬上意識到一個問題：其中一個人質——任盈盈——似乎不能這麼簡單地交出去，她是大家都不敢得罪的上司，平時手段狠辣，脾氣也不小。這幾個人再轉念一想：平時在上司手下吃過那麼多苦頭，這可是千載難逢的機會，利用機會報復一下倒楣的上司，順便還能從別人那裡得到好處，簡直是一箭雙雕！

事情這麼做似乎也是順理成章的。多少人在職場上飽受委屈後，一有機會可以彈劾某個主管時絕不留情，立馬寫文章填報表或聯名上書了。但是，這麼做隱藏著一個風險：萬一失敗了，聯名上書的人會遇到什麼問題？所以，這群老江湖又想得更深了一層：如果在這個關鍵時刻把上司推出去，自己領了賞，那就徹底撕破臉了，不僅未來沒法繼續待在公司，行走江湖也得小心繞著走。可別急，這個行動先做個分析再說，優勢是什麼、劣勢是什麼。

經過分析，他們幾乎又回到了開始的問題——如果失敗了，後果自己能承受嗎？主動權掌握在自己手裡時，是放還是不放？大家陷入兩難之中。到底都是老江湖，大家一致認為，殺了他們比放了他們利益會更大。新的問題又來了：怎麼殺，誰來殺？這就跟聯名舉報頂頭上司的事情一樣，大家都有這個心，卻沒有那個膽，一到署名環節，都會劈裡啪啦打著小算盤，為自己的進退考慮周全——萬一事情敗露了，誰簽名不就誰倒楣嗎？

所以，你推我讓地都慫恿著別人動手去幹自己不想幹的事情，然後自己坐享勞動成果。關鍵時刻，誰都想為自己留條後路。所以這個小故事的最終結果是，日月神教這幫老江湖，想來想去，還是選擇了不要趕盡殺絕。

人在職場的發展總是會有起有落，要風得風、要雨得雨時，少一點兒飛揚跋扈，面對競爭對手或者弱勢下屬時，多一點兒寬容。

古墓派李莫愁和峨眉派丁敏君相似的地方是，當自己有實力、有機會的時候，對他人一味地趕盡殺絕，不給對方留一線生機。相比而言，日月神教這幾個底層小員工多了幾分深思熟慮，放棄了眼前利益，給別人留了生路，事實上也是給自己的未來留了退路。

有個在十八線的小鎮上工作的年輕人，想跨區到一線城市的公務職，報考時需要所在單位的大長官簽字，起初大家很為這個年輕人擔心：「你身在曹營心在漢，領著這個單位的薪水，去考大城市的公務員，這不是做白眼狼嗎？主管憑什麼要給你簽字？」年輕人說：「我們主管是個妙人，簽字很痛快，就只說『你將來有出息了，可別忘記你的老長官啊』。」

對這個年輕人而言，主管當時有絕對的「生殺予奪」大權，如果主管稍微心硬一點兒，不給這個年輕人機會，隨便找個理由，都是合情合理的，就可以把這個年輕人的夢想擊碎。但上級沒有為難他，而是非常聰明地送給他一個巨大的人情。今天的手下留情，或許就是明天的福報。

小心對人大小眼，換來狗吃屎

看人大小眼的事情並不少見。比如說，早上上班時，你和長官前後腳邁進公司大門，前台看見高層進來就滿臉堆笑地熱情打招呼，對你卻立馬收了笑容只客氣地點個頭。再比如說，你去公司財務部門報銷，可能需要為報銷收據一遍又一遍地跑財務，而如果你的主管去報銷，整個流程會比你快得多。什麼原因呢？在哪裡辦事原來都是要看面子的啊。大家為主管做事時總是積極性更高，服務態度也更熱情。

《天龍八部》中，少林寺是個等級森嚴的公司，上上下下有幾千名員工，這些員工被分成三六九等，像螺釘一樣擺在不同的崗位上。這樣一個大型機構，層級越多，關係越雜，大小眼、趨炎附勢的事情當然也少不了。有些人的目的明確，想在主管面前留個好印象，爭取在職場上有更多發展機會，所以向上看時是一種態度，哪怕只是在大頭面前多微笑一次，哪怕只是為高層多跑一次腿呢；而向下看就是另一種態度，對同事、下屬冷眼旁觀，或諷刺或怠慢甚至是欺負。

比如少林寺的緣根和尚，他是少林寺後勤集團的菜園子專案組主管，相當於大公司裡一個保安隊長、庶務總務主管，這可不算是最基層的員工了。雖然位置不高，但手上也是有點兒小職權的，在菜園子裡，他是有實權的大頭。

要說這個菜園子的權力範圍真不小，有兩百來畝地，三四十名長工。雖然緣根是個小主管，每天的基本工作都是例行公事，未來也看不到什麼希望，但他身上肩負的另一項業務卻讓他的成就感爆棚。這項業務源自少林寺的懲罰制度，有關部門會將需要處罰的和尚們送到菜園子，交給他管理。他因此能接觸到少林寺上上下下各級和尚，甚至還能接觸一些部門的主管領導。雖然他名義上只是擁有對這些人的管理權，給他們分配每天的勞動任務。

但他通常會將權力擴張到行使處分權，比如辱罵、審訊、毆打、苛扣飲食等，這樣為所欲為帶來的快感可比做菜園子主管要大得多，讓他感覺自己成了這片菜園子的國王。

緣根經常跟人吹牛說：「便是達摩院、羅漢堂的首座犯了戒，只要是罰到菜園子來，我一般就都要問個明白，誰敢不答？」當然這只是吹牛，真有首座因為一時倒楣而被下放到菜園子時，緣根可沒有那麼不懂事，不僅不會像他吹噓的那樣威風凜凜地去懲罰首座，而且還會逮著這樣的好機會套套關係，在分配勞動任務時會好好照顧這些首座。只有那些沒有背景、沒有地位的小和尚落到他手裡時，才會遭遇他瘋狂的懲罰。在菜園子工作這麼多年，緣根「看人大小眼」的事情可算是熟門熟路了。

緣根為什麼會狗眼看人低？想想他常年待在菜園子裡而導致的心理不平衡就能理解。菜園子在少林寺這樣一個大型機構裡是最微不足道的部門，少林寺懲罰員工為什麼不把人往達摩院、羅漢堂這些重要的業務部門送，而是送到菜園子？這本身就意味著菜園子處在鄙視鏈的最下端——這不是重要部門，是適合處罰的地方。既然菜園子可以用來處罰犯錯員工，那麼菜園子的員工豈不是比犯錯接受懲罰的人還低一等？因為下放來的員工接受完處罰後又能光鮮亮麗地回歸原來的崗位了。

只有菜園子裡的這幫人仍在菜園子裡。緣根心理能平衡嗎？更令緣根不爽的是，他雖然是個主管，但還不如重要職能部門的基層員工看起來光鮮呢。所以，他才要大小眼，對底層的和尚實施暴力虐待以尋求心理平衡，對首座們恭恭敬敬以尋求未來出頭的機會。

對人差別待遇，以貌取人，拜高踩低，都是人之常情。但是看人大小眼有時會出錯，原因是看人看走了眼，誤把長官當成普通員工而怠慢，那就可能惹了大麻煩。常年狗眼看人低的緣根在這個位置上，閱人多矣，自忖看人絕不走眼。新下放來的虛竹小和尚長相寒磣，脾氣溫和。緣根打眼一瞧，就確認這就是個普通小和尚而已，渾身散發著逆來順受的氣息。他馬上啟動自創的審問程式開始審起虛竹來。

緣根對虛竹小和尚是又打又罵，還給虛竹「贈送」了菜園子幾大「極刑」套餐。接下來，緣根只要一有空，就都是在親自處罰「犯人」，一點兒也不讓手中的權力空著。雖說緣根私設審訊既不符合大宋法律，也不符合少林寺的規章制度，但在他的地盤上他就是國王。

誰敢舉報，要麼馬上給點兒顏色看看，要麼翻一個白眼——我不在乎。緣根也一向自信地認為，凡是被貶到菜園子來的人，大多是少林寺各部門的小角色，所以自己可以隨心所欲，想怎麼虐就怎麼虐，他們離開時還會感恩戴德地說：「多謝緣根師傅照顧。」終究沒人敢把緣根濫用職權、欺淩他人的事件給捅出去。

但是這次對虛竹和尚的事情上，緣根栽了一個大跟頭。他很納悶的是：自己也是職場老司機了，怎就突然失手了，怎麼就會無緣無故地遭到他人一頓毒打呢？他實在沒想到，一個普普通通的小和尚竟然有這麼大來頭！虛竹和尚竟然是身兼數職的CEO——逍遙派的最高領導人，靈鷲宮的法人。而且逍遙派和靈鷲宮都不是無名小派，勢力很強，幫眾很多。所以，一報還一報，緣根被靈鷲宮的弟子狠揍了，這是他有生以來在職場上栽的第一個大跟頭。

這就是緣根一次「看人大小眼」導致的嚴重後果。他得到的教訓就是看人也會有走眼的時候，不平等對待也會有凸槌的時候。有時候，明明位置很高的一個大長官居然穿著樸素、言行低調，跟你同乘一個電梯，跟你一起排隊吃員工餐，如果以貌取人，本著差別待遇出發，給低調的大長官翻幾個白眼，懟他幾句，後果一定不會太美好吧？緣根的教訓提醒了職場人，一定要克制住眼高手低的習慣性衝動，畢竟每個人身上都沒貼著標籤讓人能準確識別他是誰，一旦你胡亂來，就很可能是搬起石頭砸自己的腳。再說看人大小眼本來就不是一種好行為，它反映出人性的某些弱點。

在職場上，我們要讓自己成為那個更好的自己，而不是成為自己最討厭的人。

爲反對而反對的槓精最惹人厭

槓精是最不招人待見的一個群體，是朋友圈裡大家都想拉黑的那種人。職場上有槓精嗎？有，《天龍八部》裡的包不同就是其代表人物。

槓精在職場上混得開嗎？看看包不同就知道了，在職場上當槓精不僅沒有前途，而且簡直就是「必死無疑」。別說慕容復是個氣量小的領導，就算換成是心胸開闊的喬峰幫主來做他的領導也無濟於事。喬幫主肯定也不會提拔槓精，因為槓精這個屬性對工作來說沒有任何積極意義。

世界上有槓精的職場生存手冊賣嗎？先不說有沒有，即使有，這樣的書也賣不掉。因為槓精不會認為自己是槓精，他覺得自己說的話都很有水準，思想還很有深度，對很多問題都有獨到見解。你如果說他是槓精，他還覺得你無知、沒文化，聽不懂他的話呢。

包不同在慕容復手下工作很多年了，慕容復大概也是因為一直手頭上無人可用，所以對包不同這個忠心耿耿的助理還算尊重。包不同是個什麼樣的人呢？最明顯的特徵就是話多、反應快，邏輯思維也不錯。他有一句口頭禪是：「非也非也。」無論別人說什麼，他都是先反駁、先挑刺，常常是為反對而反對，總之，什麼都要跟人對槓著來。這確實是個純種槓精了。他抬槓也不分對象、不分場合，遇佛槓佛，逢鬼槓鬼，連頂頭上司、自家兄弟以及上司的准女友都一一抬過槓，能槓到這個份兒上也是沒誰了。

包不同在甘州碰到函谷八友，來了一場實力抬槓表演。他從函谷八友中那個不懂人情世故的大哥開始依次往下槓，以一對八，酣暢淋漓地把他們槓得毫無招架之力，也把旁人看得目瞪口呆：原來天底下有這麼厲害的槓精。

包不同抬起槓來百無禁忌，第一次見到大理國的繼承人段譽小王爺時，不僅直接稱呼人家是「油頭粉面的小子」，而且各種抬槓，抬高自己而貶低段譽。對於包不同來說，這樣過了嘴癮之後，可能會引發的後果就是，如果包不同所在的姑蘇慕容集團要跟大理段氏集團合作，段譽還能開心地簽字嗎？

就連天下人人敬仰的丐幫喬幫主，包不同也懟。任你喬幫主有禮有節，他包不同如果吃你這一套，還配叫專業槓精嗎？所以，他初見喬幫主時的打招呼就顯得那麼鶴立雞群：「嘿嘿嘿，喬幫主，你隨隨便便地來到江南，這就是你的不是了。」這麼別開生面的打招呼，一點也不討巧，自己的幾個小夥伴都跟著捏了一把汗，而喬幫主手下的人很生氣。槓精包不同對自己的說話藝術太自信了，完全沒有意識到自己所謂的標新立異其實就是抬槓，反而覺得自己從不人云亦云，特別不同凡響，所以對長官也是一樣。

結果他最終栽倒在自己的說話藝術上。有一次，上司要做的事情與他的三觀不合，作為一個專業槓精，他忍不住跳出來持反對意見，評頭論足，搞得上司終於憤怒值爆表，毫不留情地處理了他。

職場是能力的秀場，該嶄露頭角的時候自然要抓住機會脫穎而出，讓長官注意到你是個有能力且努力的人，讓同事覺得你是個值得信任的人，讓客戶覺得你是個可以合作共贏的人。至於如何秀出能力、刷出存在感，一千個人有一千種技巧，條條大路通羅馬。但有一條切忌踏入的路，那就是槓精之路，為反對而反對，它一定會終結你的職場夢想。

有人會說，職場上沒有人想成為槓精啊。因為大家都知道，抬槓不受歡迎，不管你槓的是長官還是同事或者客戶，總之大家聽你抬槓都不會開心。去採訪一下包不同，人家從來就沒想做槓精啊。

不做槓精，那麼你會經常反省自己的言行嗎？比如說，你有沒有下面這些想法和行為：太想要標新立異和出奇制勝，所以每次大家都說甲方案好的時候，你一定會反其道而行，說乙方案好；你經常會對自己發表的高見感到沾沾自喜，但時常尖酸刻薄，傷人面子，讓人下不了台……。有人會說，發表不同意見時引發的效果跟抬槓似乎大同小異，因為不同的意見常常讓人聽起來不舒服。但抬槓和發表意見二者是有本質區別的。

意見有價值，它是思考所得，是以解決問題為目標，而不是以吸引注意力和標新立異為目標。儘管意見可能不是百分之百正確，但或許能起到拋磚引玉的作用。

有人說職場上只要不反主管就可以了，畢竟主管掌握著你的「生殺予奪」大權，但有時候不爽了，跟同事或者客戶抬抬槓也是難免的。這些想法是不對的，因為抬槓本質上就是一種無知、無能和無效的出風頭，而客戶就是我們的「衣食父母」，不把握好客戶的心理，自以為是地抬槓，這是不想與客戶簽合作的單子了嗎？而同事呢？一個人在職場上的人際關係也會影響到職場發展，逞一時之能跟同事抬槓，把人家逼急了，誰知道他表面笑嘻嘻之後會不會去長官面前參你一本？再說失了人心之後誰還願意跟你合作？

骨灰級槓精包不同在職場上的覆沒，其最大的教訓是：職場是能力的秀場，而不是抬槓的秀場。

別讓人扒光你隱私

年輕的心扉總是更容易對外敞開，因為有時間、有精力，還有熱情，所以能將更多的人接納進自己的交際圈子，包括會將公司中的同事發展成無話不談的知心朋友。

你看人家全真教的尹志平和趙志敬共事那麼多年，親如兄弟，幾乎走到哪兒都形影不離。而人到中年的郭靖和黃蓉則是另一個樣子，工作上千頭萬緒的，家裡一攤子事，還有熊孩子要管教，他們哪裡會有時間和心情去跟同事喝酒聊天成為好兄弟、好閨密？

不同年齡段的人其交友方式和價值觀不同，這是很正常的。對於年輕人來說，雖然有時間和熱情，但還有一個小問題是，被你視為知心朋友的同事跟你真的可以像所有知心朋友那樣無話不談嗎？比如，你的一些隱私能向關係密切的同事說嗎？

如果你的答案是肯定的，那麼這件事情就隱藏了一個風險：一旦有人用你的隱私來威脅你，怎麼辦呢？雖然我們不排除在公司同事中能找到知心朋友的可能性，而且大多數公司也鼓勵大家「把公司當成家，把同事當親人」，但同事之間畢竟還會有利益上的競爭。所以，在把同事當親人、當知己這件事情上，我們如果能保持一定的分寸，不跨越界限，可能就會更妥當。

更何況，同事之間的關係也並不像尹志平所想像的那樣簡單純粹。尹志平跟趙志敬共事多年，大家都說他們親如兄弟，倆人經常一起練功，一起吃飯，一起睡覺，還一起出差，所以尹志平就把趙志敬當成了知心朋友，什麼話都跟他說，包括自己的隱私。尹志平單戀隔壁古墓派美少女，每天寫網誌傾訴對美少女的愛戀，還總忍不住圈一下趙志敬，讓他現場圍觀自己的單戀愛情。趙志敬又是點贊又是共情。在尹志平心裡，趙志敬這樣的同事是多麼完美的好兄弟啊！

但就是通過這個完美好兄弟的嘴，全天下的人都知道了尹志平的隱私。看在趙志敬眼裡，尹志平整個人如同在裸奔，什麼都被他看得清清楚楚。而尹志平對趙志敬的瞭解基本就停留在普通同事的資訊層面，比如趙志敬的身高體重、飲食愛好、業務能力通到哪一關，僅此而已。可惜這些都不重要。他知道趙志敬的夢想嗎，知道趙志敬背著他幹過什麼嗎，知道趙志敬有個小本本在記別人的隱私、收集證據嗎？他什麼都不知道。那還說什麼是好兄弟呢？

尹志平接任全真教掌教的公示貼出來後，這對好兄弟的矛盾衝突也終於浮出水面，趙志敬正式當面鑼對面鼓地對尹志平宣戰。尹志平這才後悔不已，因為趙志敬掌握了自己的隱私，如同扼住了自己的喉嚨。趙志敬想得到掌教的位置，於是放出撒手鐗，威脅尹志平說：「我已經掌握了你全部隱私，只要發佈出去，立刻會引來百萬人圍觀。」尹志平為此苦不堪言，只能步步退讓。因為趙志敬無論是去單位內部告狀，還是在江湖上公佈，尹志平都將會身敗名裂。趙志敬希望他永遠被釘在道德的恥辱柱上，哪裡會容許他改過自新呢？

尹志平確實在私人生活上德行有失，這個過錯自然由本教前輩和受害者來懲罰，這是另一個話題。但這些隱私被趙志敬惡意利用了，他公之於眾，不是想當實名舉報、為民除惡的英雄，也不是同情受害人替人申冤，而是為了讓尹志平名譽掃地、退出政治舞台，更是為了自己有機會走向掌教的寶座。

所謂隱私，自然是不能跟別人說的。說出來之後，別人可能就會斷章取義地進行解讀或者加以利用，製造輿論，然後將隱私變成利器來對付你。後果呢？就像尹志平這樣，就算坐上了掌教的位置，卻連一天時間都不到。隱私也可能變成職場上升的絆腳石。

比如，西漢的張敞在閨房給老婆畫眉的隱私被人知道後，別有用心的人就去皇帝面前傳，還添油加醋地解讀說張敞這樣做沒有大漢官員的威儀。果然，皇帝就不再重用張敞了。尹志平因為個人隱私被人拿著當成把柄，導致掌教位置坐不下去；張敞因為個人隱私被人拿著當成把柄，導致失去皇帝的信任耽誤晉升，這都是不划算的事情。

可是，如果這些隱私不被人知道，又怎麼會有後來的事情呢？你還會把不該說的個人隱私都肆無忌憚地說出來嗎？尹志平從前不慎將隱私說出來，這不僅給個人的人際關係、生活、職場等帶來一系列困擾，而且也浪費了大量的時間與精力來解決原本可以不出現的問題。不幸的是，這個局面到最後完全失控了。

同事之間的來往，要保持適當的分寸，君子之交淡如水。你可以跟同事在八小時以外的時間吃熱炒、喝酒、唱歌，可以談詩詞、談人生、談哲學，但是不要輕易跟同事分享自己的隱私，不要像尹志平那樣在同事面前毫無保留地來一場思想裸奔，這是職場交往中的一條鐵律。誰知道自己碰上的就不是職場中的趙志敬呢？

在職場上，你的隱私很可能授人以實，成為人家對付你的利器和進階工具。而在生活中，你的痛苦隱私或旖旎情事很可能成為網紅朋友賺足點擊率和閱讀量的爆款文的來源，或者成為他人茶餘飯後的談資。無論你的隱私最終在他人手中精心發酵成哪種情況，都會讓你不好受。

求人辦事的正確打開方式

那些在生活上、事業上都無比平順的人，想像不到求人到底有多難。《倚天屠龍記》中，金花婆婆陪老公去明教附屬的蝴蝶谷看病，怎麼求人都掛不上號，還被拒診，這種叫天天不應叫地地不靈的痛苦讓人同情——求人真難啊。

古人說「求人不如求己」，真是一點沒錯。求人這麼難，沒事兒誰肯放下身段腆著臉地去求人呢？但生活中怎麼會永遠一帆風順，怎麼會有「萬事不求人」的理想狀態呢？比如說，生病去醫院掛不上號，做生意時出現資金緊缺……，碰上這樣的事情，如果不想坐以待斃，那就得求人。

人辦事是人生中必須學會的一種重要能力，先打破萬事不求人的心理，也不要抱著「反正不打算解決問題」的心態而隨隨便便，然後才能去思考如何用正確的方法有效地求人。

求人是給人添麻煩的事情，因為出發點首先是利己，某種程度上就要「損人」——比如向人開口借錢，求人幫忙辦事，不是出錢就是出力，再不然就是出人脈資源，等等。讓被求的人心甘情願地答應捨棄自己的利益來幫助你，從人性的角度來看，不太可能。

所以，求人辦事一定要有方法和技巧。有的人通過巧妙的方式求人辦事，實現了雙方受益的結果，一方面解決了自己的問題，另一方面使幫忙的人也獲得了正面激勵。這樣雙方的交情因為一次求人辦事而正向加深，把求人辦事演變成了一種融洽關系、增進情誼的工具。

《笑傲江湖》日月神教中有位長老叫上官雲，他求人辦事就很有技巧，幾乎每次都能有求必應，而且愈找這些人幫忙，這些人愈喜歡跟他打交道，關係也愈來愈鐵。仔細研究他求人辦事的技巧不外乎，求人辦事時不僅不能損害對方的利益，相反還要在自己能力範圍內給予對方更多的補償。也就是說，他在這方面求人幫忙時，同時會在其他方面給予別人幫助，以達到某種程度的平衡。

相比起來，有的人找同事幫忙辦事，大到幫助解決一個業務難題或生活難題，小到幫助做個簡報或者報表，可人家幫完後，你卻沒能在其他方面彌補一下人家的損失——為幫你所花的時間與精力，這就讓人覺得你把他當義工了，顯得非常不合情理。

《倚天屠龍記》中，金花婆婆去求明教附屬醫院的醫學專家胡青牛幫忙給老公看病。胡青牛醫生非「不能」，而是「不願」，因為天底下沒有他治不好的病。明明是他最擅長的領域，為什麼他不願意答應幫助金花婆婆，這就很值得思考了。

我們來看看金花婆婆是怎麼求人的。她想找專家給她老公看病，先是去攀交情，因為自己和胡青牛曾經是明教的同事。但是十幾年前的這點交情不起作用了，在胡青牛眼裡，這點交情沒有規矩重要。金花婆婆被拒絕後很生氣，就開始撒潑不講理了，以武力威脅胡青牛。可惜胡青牛也很倔，哪裡會怕她的威脅呢？所以胡青牛最終還是不肯答應幫忙。求人辦事需要技巧，不要以為交情可以隨時用來求人辦事，也不要以為別人幫你都是「順便」那麼簡單。

金花婆婆所犯的錯誤就是，在該談利益的時候她偏偏只談交情。而當對方沒有答應她的時候，她就撒潑、威脅、道德綁架，無所不用其極。人家幫你必然要花費大量的時間、精力或者資源，可是人家如果正好沒有時間、精力或資源的時候，拒絕你也是理所當然的。人家不幫你，也很有可能是人家知道即便幫了你，你也並不會考慮到人家為了幫你這個忙受到了什麼樣的損失，甚至在幫你的過程中一旦有紕漏，你還可能橫加指責。所以，誰敢幫你呢？

金花婆婆和上官雲都是在找熟人辦事，為什麼一個失敗一個成功呢？歸根結底，利益才是人熟好辦事的核心。上官雲之所以求人辦事時有求必應，是因為上官雲一是有分寸，能替他人考慮，考慮被求的人的利益，也不會讓被求的人為難。二是總是在合理範圍內經常「鋪路架橋」。

平時就維護好職場的各種關係，但凡他開口求人，被求的人大多願意借此機會還他一個人情。而像金花婆婆這樣的人一味地認為「人熟好辦事」，但我們知道，十幾二十年不聯繫的同事，人情早已所剩無幾，關鍵時刻卻想臨時開個戶去大量透支，怎麼可能呢？此外，求人幫忙的時候，深深地觸犯了他人利益，這件事情如何能成，關係又如何能平衡呢？

試想一下，如果金花婆婆早早明白求人辦事的關鍵，用正確的方法有效地求人，那麼她的命運或許就會被改寫了。

沒那「卡臣」就別肖想那位置

有些人覺得，位置只是位置，不管個人能力如何，如果上面有人，隨時都可以空降到這個位置上。但現實會殘酷地讓他認識到自己的能力與位置是不是匹配的。那些沒背景沒能力的人只會一味地「意淫」某個位置，經常在心底裡暗罵：主管那麼蠢，居然也可以坐這個位置。他們恐怕很難真正認識到，自己缺的究竟是什麼。

大金國趙王府的小王爺楊康是那種抓了一手好牌的人，他是趙王爺的繼承人，王府所有的產業以後都是他的。對他來說，天底下沒有什麼事情是他老爸搞不定的，至於想去什麼位置上坐坐，增加一點人生閱歷和工作經驗，不就是他老爸一個電話一張條子的事情嗎？他認為這是個「拼爹爹」的時代啊，因為「我爸是大金國趙王」，所以人生處處開了外掛，可以輕輕鬆鬆超越很多同齡人。

這位「官二代」的日常生活雖然要多紈絝有多紈絝，四處沾腥惹是非，當街調戲小姑娘，但人家也是個「有抱負」的官二代。生在王府，天然處於鄙視鏈的最上端，楊康有很多資源來支撐自己實現遠大「抱負」。比如，他想在官場上歷練，他爸就可以幫他輕鬆地搞到一官半職——大金國欽使。有了這個頭銜出門，走到哪兒都是眾星捧月，迎接他的全是鮮花、掌聲和讚美之詞。

楊康這位神通廣大、權勢顯赫的老爸雖然只是他的養父，但這位養父從沒把他當外人，還嘔心瀝血地栽培他，並拍著胸脯向他承諾：「那時我大權在手，富貴不可限量，這錦繡江山、花花世界，日後終究盡是你的了。」確認過眼神，這位養父是掏心掏肺地想要把手中的權力、資源傳給楊康的。

按養父的意思，楊康未來要繼承的不僅僅是一份家業，而是錦繡江山。心有多大，舞台就有多大。這句話，倒過來說也沒毛病。楊康的舞台夠大，起點夠高，自然也雄心萬丈：我所想要的，便必然能得到。

一個成天想著如何玩轉權力、盤活資源的人，儘管不像普通人一樣積極去掌握行業資訊、參加學術會議和交流，以此瞭解行業動態，但人家眼中所見、耳中所聽，全是篩選過後的各種升遷、職位補缺等資訊。這就是「專注」、「用心」、「敏銳」。

機會總是留給有心人的，楊康就是有心人

《射雕英雄傳》裡，在臨安牛家村，那個著名的夜晚，多少人從郭靖和黃蓉的旁邊路過，但是誰也沒有在意他們遺落在小酒館裡的那根綠色竹棒。只有楊康看到了，並以自己的聰明才智判斷出它的價值，這樣才有了他憑藉這根綠色竹棒去競爭天下第一大幫——丐幫的幫主之位的後續情節。

丐幫作為天下第一大幫，有著幾萬名弟子，對於楊康而言，如果能抓住機會，坐上幫主位置，就意味著未來將有數萬人馬可以供自己調遣使用。一個有政治抱負的人，手上最不能缺的就是可用之人，當上丐幫幫主後，還可能號令各路英雄豪傑，簡直是如虎添翼。

楊康敏銳地捕捉到了丐幫另立幫主的資訊，在去應徵前，他認真地思考了獲得這個位置的成本和回報。但楊康從來沒有想過，天底下也會有他坐不了的位置：領一群丐幫員工，打理一個擁有數萬名員工的企業，可絕不是當個小王爺或者做個大金國欽使那麼簡單。

不同的位置，需要的能力是不一樣的。楊康顯然一味地放大了自己在人脈資源方面的優勢，而忽略了幫主這個崗位的具體要求。所以在面試大會上，在丐幫一眾高管面前，楊康簡直就像被扔進了油鍋裡煎炸，從皮肉到靈魂都受到巨大的考驗。

楊康使盡了畢生所能，用自己在養父那裡學會的一套政治手腕和權術，隨機應變，按照求職的需要，精心編造了自己的履歷，再加上「見義勇為幫助前任老幫主，終獲幫主信任和重托」的故事，本以為這個敲門磚完美無缺，但結果還是敗給了超級學霸黃蓉。

在丐幫應徵失敗，楊康被狠狠地打了臉：這個世界原來並不是以自己為中心的。你可以在你老爸的蔭庇下做小王爺、做大金國欽使，但是，當你的能力不符合丐幫幫主的崗位要求時，這個位置便不會那麼輕易地讓你撿便宜。

在現實生活中，很多人在求職中可能也用過楊康式的系列操作，比如，編造假學歷、假履歷混職場，或者靠送禮、走門路、耍權謀去運作某個位置。你說會成功嗎？不排除有一定的成功機率。只不過，這次楊康偏偏成為這個機率裡的分母。所以也有人說，這次他沒成功不過是因為運氣差。

但是那些僥倖成功的人呢？在金庸小說裡，同樣是在丐幫，有人在不同時期用過類似楊康的操作，恰好運氣也不錯，成功了。這些小機率正是楊康們所想的：不就是做個幫主嗎？只要有機會坐上這個位置，誰還不會做幫主呢？但是僥倖成功後，幫主這個位置真如他們所想的那麼簡單嗎？

《天龍八部》裡，一個叫莊聚賢的人在他人的精心策劃下，不勞而獲，坐上了丐幫幫主的位置。而丐幫的集體智商慢慢恢復後，他隨即就被趕下了台，那些在背後操控的野心家們也被丐幫群雄滅掉了。

《倚天屠龍記》裡，陳友諒跟他的師父苦心下了一盤大棋，先是除掉了丐幫前幫主，然後逼一個長相與前幫主神似的小混混成天坐在幫主的位置上指點江山。原以為天衣無縫的謀劃，最終還是被人識破，陰謀家們被驅逐出幫。

顯然，混得了一時，混不了一世。有些人因為背後有資源，因而可以長年混在某個位置上，也的確有些位置是可以混的。比如，在你老爸創辦的家族企業裡，你想怎麼混就怎麼混，混砸了也沒人追究你的責任，反正有你老爸的錢可以燒，有你老爸的智商可以撐著。比如楊康，在趙王府隨便混，做個大金國欽使也可以隨便混。即使楊康去大金國的某些幫派掛些虛職，替這些幫派在金國朝廷爭取些政治資源和經濟投資，也都是挺合適的。只是，要想去坐天下第一幫派丐幫混幫主的位置，沒有真本事，就不那麼好混了。

職場上也一樣，很多重要位置上，如果身在其位者沒有真才實學，即便一朝靠造假蒙混過關，或者送禮走門路運作成功，也終究是坐不長久的。就好比說，有人造假學歷得到了某個大公司的職位，可是知識不能作假，買得來學歷，買不來能力。

歸根結底，在職場上，位置和能力之間是需要匹配度的，靠不了運氣，也靠不了爹。

韜光養晦不是永遠按兵不動

即便是像明教這樣江湖上的超級大公司，其內部的資源、職位也都是有限的，公司裡人才濟濟，競爭激烈，不可避免地會出現公司政治。沒有人喜歡公司政治。小人物在公司政治狹窄的生存空間中掙扎，整日憂心忡忡，而那些搞公司政治的人鬥來鬥去，在這個過程中誰能笑到最後呢？

搞不搞公司政治跟公司的規模大小沒關係，而與公司的風氣有關。有的公司雖然人數少，但每人各自為政，員工之間的勾心鬥角也異常激烈。《神雕俠侶》中，古墓派傳了幾代，一共不到十個傳人，但為了本門的一本業務秘笈，李莫愁動不動就去找小師妹的碴兒，而她的徒弟洪淩波卻背著她意圖獨吞。

《笑傲江湖》中，恒山派同樣是一家女性團體，人數眾多，身份多樣，僧俗弟子都有，然而職場環境卻異常清靜，大家日常連評先進、升職和漲薪的事情都沒爭過，甚至連掌門人的位置到底要傳給誰都沒人關注。

明教公司有外資背景，實力雄厚，當年在最高指導 CEO 陽頂天的掌舵下，大家士氣高漲，眾人拾柴火焰高，贏來了明教最輝煌的時期。但陽頂天失蹤後，公司的政治格局瞬間動盪起來。那些高管們不再齊心協力地推動公司發展，都開始停下腳步觀望，甚至有人千方百計地想要獨吞公司這塊巨大的蛋糕。這時候，公司政治成了主流，為爭奪一把手位置的鬥爭瞬間就進入了白熱化階段。

由於明教幾大派系之間的實力都勢均力敵，所以在十幾二十年的鬥爭中，各方一直處於膠著狀態，難分勝負。鬥爭的過程對於每個參與者來說，都是智商、情商、體力的巨大挑戰。最後，明教光明左使楊逍在韜光養晦十幾年後獲得了階段性的勝利。

回顧這場轟轟烈烈的政治鬥爭，其實楊逍也不是唯一有實力的競爭者。只不過相對其他人來說，楊逍的職位最高，在明教的具體職務是光明左使，按照明教的機構設置，光明左使是相當於一人之下、萬人之上的重要職位。

當然了，作為光明左使，豈能沒幾把刷子？明教的位置可不是隨便混就混來的，更何況像光明左右使之類的重要業務崗位。所以，武功高，這是標配，就好比你不考托福、GRE 檢測，你出什麼國、留什麼學？更厲害的是，楊逍有學術研究能力的加持，寫過學術類暢銷書，諸如《明教流傳中土記》。此外，楊逍熟讀兵法，有將帥之才，後來他還指揮明教弟子對抗六大門派的圍攻。

但職位高，並不是楊逍取得階段性勝利的唯一條件，一位競爭者曾直言不諱地跟他說過：「楊逍，你不願推選教主，這用心難道我周顛不知道嗎？……可是啊，你職位雖然最高，但旁人不聽你的號令，又有何用？你調得動五行旗嗎？四大護教法王肯服你指揮嗎？我們五散人更是閑雲野鶴，沒當你光明左使是什麼東西！」

競爭者為什麼出言如此犀利？因為陽頂天教主失蹤後的幾十年裡，明教一直沒有產生新教主，楊逍就是代理教主。駕馭特殊時期的光明左使和代教主這樣的重要職位，不是那麼容易的，大家一個個紅了眼地盯著他呢。不管服氣的、不服氣的，溫順的、桀驁的，個個都巴不得他捅點婁子，這樣大家就可以光明正大地討伐他，將他趕下台。

在複雜的公司政治中，楊逍很清楚自己的優勢和劣勢，在眾目睽睽之下，自始至終走的是低調路線，甚至還把辦公室遠遠搬離了明教公司總部——光明頂。

楊逍的韜光之術與劉備的不同，而是另闢蹊徑利用自己天生的一副好皮囊，開始走風流倜儻的把妹達人路線。他用實際行動告訴領導和同事，我楊逍的人生終極目標不是權力，而是姑娘，人生在世，逍遙享樂。他用普通男人的毛病遮掩住了自己的七分才華、三分野心。於是，那邊對手們鬥得硝煙彌漫，這邊他步步退讓、逍遙自在，追姑娘、談戀愛。別人漸漸地看不清也不再關注他到底在玩什麼花樣了，這就是楊逍韜光養晦計畫裡的第一步——轉移對手的注意力。

他這一招做得非常成功，大大減輕了競爭對手對自己的提防。當然，韜光養晦並不是永遠不做反應，也不是永遠按兵不動，而是需要在合適的時機裡銳意進取，一戰成功。楊逍韜光養晦計畫的第二步就是出擊，而且務必百發百中。

CEO位置的空缺，肯定不是長久之計。楊逍斟酌再三，仍然沒有主動出擊CEO的位置，而是對外開始慢慢物色合適的教主人選，直到碰見優秀青年張無忌。楊逍對他的人品、能力一見心折，當下就舉薦張無忌為教主。至此，楊逍非常逍遙地保全了自己的利益，不費一兵一卒，不但妥妥地佔據著副總裁職位，股權也一分不減。楊逍算不算明教這齣權謀大劇中的贏家呢？

在職場上，一旦你身陷公司政治的鬥爭中，不管願不願意，只能硬著頭皮打下去，這原本就是一場生存保衛戰。如果在鬥爭中選擇了韜光之術，那麼用得好不好、分寸對不對，會是決定成敗的關鍵。很有可能，如果你退讓得過遠，導致鞭長莫及，錯失良機，等不到你想要的時機，對手就早已淘汰掉其他人而穩穩地占住先機了；而退讓得太少，自然讓人覺得你是欲蓋彌彰，看，你滿臉還寫著野心呢。

點破職場迷津

📖 三十年河東，三十年河西。誰能預料今天一個四處求人的底層小職員，多年後就是某個領域的成功人士呢？所以收一收飛揚跋扈、欺壓弱者的心，其實也是給自己留了機會，正是俗話所說的：凡事留一線，日後好相見。

📖 一定要克制住「對人差別待遇」的習慣性衝動，畢竟每個人身上都沒貼著標籤讓人能準確識別他是誰，一旦你亂大小眼對待，就很可能是搬起石頭砸自己的腳。

📖 同事之間的來往，要保持適當的分寸，君子之交淡如水。你可以跟同事在八小時以外的時間嗑牙吃熱炒、喝酒、唱歌，可以談詩詞、談人生、談哲學，但是不要輕易跟同事分享自己的隱私，不要像尹志平那樣在同事面前毫無保留地來一場思想裸奔，這是職場交往中的一條鐵律。

📖 在職場上，位置和能力之間是需要匹配度的，靠不了運氣，也靠不了爹。如果身在其位者沒有真才實學，即便一朝靠造假蒙混過關，或者送禮走門路運作成功，也終究是坐不長久的。就好比說，有人造假學歷得到了某個大公司的職位，可是知識不能作假，買得來學歷，買不來能力。

CHAPTER 6

職場不相信眼淚

第六章

道路千萬條，理性第一條。
放下「玻璃心」，放下「受害者情結」，
做一個樂觀理性派，在職場上找對位置和方向。

太委屈衝動喊裸辭，請先停看聽

曾經有一條很火的貼文：工作中不要罵年輕人，因為年輕人無牽無掛，說辭職就辭職了。這個段子可以用來解釋《神雕俠侶》中全真教趙志敬和楊過的故事。可惜趙志敬身為主管，並不懂得年輕人的想法，僅僅是因為看不慣就經常打罵年輕人，結果年輕人說辭職就辭職了。全真教損失很大——楊過後來在古墓派大放異彩，成了一代武學大師，據說還與東邪、南帝等人在華山論劍，被封為「西狂」。但從年輕人楊過的個人成長來看，當年負氣從全真教說辭職就辭職，一定就是最好的解決方式嗎？不見得。

楊過年輕時在全真教待了不到半年，就因為跟頂頭上司的關係惡化而憤然辭職。這種敢於炒老闆魷魚的事情真是令人舒爽。的確，這也是大多數職場人敢想卻不敢做的事，尤其是中年人，上有老下有小，還有高額房貸，再加上無論創業還是跳槽都有風險，所以，如果不能穩妥地解決後顧之憂，誰敢這麼任性！儘管大家都覺得自己曾飽受委屈，但是一想到辭職後的生計和再就業的問題，就會默默地咽回那句勇敢的「我要辭職」，繼續忍受委屈。

在職場上，所謂的委屈和挫折都是主觀的，由於看問題的角度不同，每個人的感受也會不同。比如在和同事競爭某個項目時自己失敗了，有的人會覺得委屈，然後懷疑同事使了手段、主管偏了心，最後得出的結論是上頭和同事都在欺負我一個新人或者老實人。也有的人雖然覺得這是挫折，但是能從中看到自己的問題，確實是自己的實力差了一點、自己的方案還不夠完善、自己執行的細節還不夠到位。一想到找到了問題的根源和解決方案，興奮還來不及呢。

如何看待職場上的委屈和挫折，反映出來的也是心態問題，你將它解釋成什麼，它就是什麼。但這個解釋和心態會在一定程度上影響自身在職場上的發展。只關注個人情緒和感受的人，會放大負面的一部分感受，某件事情讓自己委屈了，會有很大的挫敗感。關注到自己能力問題的人，卻能在挫折中找到一條可以解決問題、通向未來的路。

大家都知道，楊過不是通過正常招聘途徑進的全真教，而是走了父親的義兄郭靖大俠和全真教高管丘處機的關係。他在入職的第一天就不幸得罪了頂頭上司趙志敬，但這並非他主動造成的。當郭大俠帶著楊過前去全真教報到時，因為一場誤會而與全真教的後輩們起了嚴重的衝突。衝突中，郭靖揍了很多人，其中就包括楊過未來的頂頭上司——趙志敬。等郭靖和高管丘處機見面後，誤會自然煙消雲散了。但是，丘處機當眾狠狠地罵了趙志敬，導致趙志敬大傷面子。巧的是，丘處機又將楊過分配到趙志敬的部門，指定趙志敬直接帶新人楊過。

趙志敬將帳全記在了楊過頭上。在後面的工作中，趙志敬想方設法地報仇雪恨，不僅將最苦最累的活兒派給楊過，而且從來不教他任何武功，只拿一套內功心法口訣讓他背著敷衍了事——想想如果你的主管既不給你客戶資源，也不讓你出去開拓資源，光讓你在辦公室裡做表格，但表格做得再漂亮也沒用啊。楊過覺得很委屈，自己來全真教，就是想踏實學本事，結果倒楣透頂，碰到一個處處折磨自己的上司和趁機坑人的同事。楊過覺得自己在全真教真是待不下去了。

職場上遇到這樣的上司確實是挺倒楣的，但是換個角度來看呢？正因為上司的折磨，最苦最累的活兒交給我，我如果還能想方設法把它幹好，這算不算一種歷練？就好比勵志格言說的：「你的努力要配得上你受過的苦。」如果上司什麼也不教我，但我還能用心在公司，只要留心觀察總能找得到優秀的榜樣，向他們去學習如何更好地工作、更好地處理人際關係、更好地規劃未來，這算不算因禍得福？

年輕人楊過並沒有想辦法來解決跟上司之間的問題，而是放大了自己的情緒。他只感受到上司、同事對他的敵意，所以他在無形中不斷強化這些對立關係，強化自己內心的委屈。慢慢地，他對整個全真教都失去了信任，覺得這個地方糟糕透了，學不到東西，甚至想：全真教一把手的能力還沒有郭靖伯伯的能力強呢，他們給郭伯伯提鞋都不配。他並沒有去想如何解決問題，比如說，要不要去跟上司溝通，消除誤會，修複關係。

情緒化的他只是張牙舞爪地揮著拳頭一頓亂打，結果與上司的關係愈來愈僵，裂痕愈來愈大。後來，在某次業務技能大賽上，趙志敬公報私仇，直接讓楊過得了個倒數第一。楊過輸得很難看，年少輕狂的他，自尊心極強，因而在上司面前他永遠一副決不妥協的姿態。他明明知道上司對自己不滿，還當眾搞得上司灰頭土臉，一把火再次點燃了上司的憤怒。結果雙方關係直接崩掉，楊過當場提出辭職，揚長而去。

辭職後的楊過從此就徹底跟前一段職場拜拜了嗎？不，離開那個讓自己厭惡的上司後，楊過的麻煩還沒完。這一段職場生涯中跟上司結下的死結給他日後的人生埋下了雷。楊過離開後的最初幾年裡，在趙志敬的「不懈努力」下，楊過一直背負著全真教領導和同事們「贈予」他的無數罵名。

更讓楊過噁心的是，趙志敬竟然在同業大會上當著天下同行的面指責他，讓他名譽掃地；甚至還在他的長輩郭靖和黃蓉面前惡人先告狀，說他道德敗壞、欺師滅祖，擺出了一副趕盡殺絕的架勢，「跟我鬥，讓你滾出這個圈！」

楊過離開全真教未必是最好的解決方式，當時要解決的問題其實就是改善職場處境，化解上司趙志敬心中的怨憤。搞定趙志敬這種斤斤計較但沒什麼原則的上司，服個軟，低個頭，示個好，要重建關係也不是難事。即便還是覺得全真教不是自己想待的地方，就努力想辦法客客氣氣地離開，難道不是更好嗎？

雖然誰都不想天天受委屈，但是一言不合就辭職，換到新公司就一定會有新的開始嗎？跳槽不是買彩票，萬一沒有中大獎，下一家公司仍然會有你處不好關係的上司和同事，難道還得一而再再而三地繼續辭職和跳槽嗎？

在現實生活中，那些看似灑脫的辭職行為並不亞於一場風暴、一場戰鬥，跟公司或者跟上司鬧得像要老死不相往來一樣，萬一新工作還需要向老東家調查呢？如果新公司收到負面回饋，到時受到損失的還是自己。不是不能辭職，而是沒必要把職場當作快意恩仇的江湖，我們今天的每一個選擇都可能會影響自己未來的職業發展。

職場上很難真正有快意恩仇這回事，我們以為的「委曲求全」，有時候是另一種意義上的成熟——更清楚自己的目標是什麼，眼前的一點委屈和挫折只不過是暫時的，通過成長和提升，必將會跨過去。

背鍋不是死路，也有背的藝術

不想承擔責任，自然就想甩鍋，這是人性的弱點。在職場上，各種大小事情基本都關聯著責任和利益，所以常有實力甩鍋者和倒楣背鍋者。

《笑傲江湖》中華山派首徒令狐沖就是一位倒楣的背鍋俠。自從背上長官狠狠地甩來的「偷劍譜的賊」和「殺人犯」兩大鍋後，人生跌至谷底，從一個前途不可限量的有為青年，到眾叛親離，如同過街老鼠，不過就是一朝一夕的事情。擺在令狐沖面前的選擇只有一條——離開華山派，但是離開華山派他也無路可走，因為領導已經寫信向整個江湖通告他的「罪行」，以致哪家企業都不敢接收他。甩鍋者打算把這兩大鍋讓他背一輩子，這樣心裡才有安全感。而對於令狐沖來說，在人生很長一個階段裡，都是生活在背鍋的陰影中。

這樣的背鍋令人心有餘悸，真的是鍋在空中飛，出門都得看黃曆，稍不留神就被扣上一個，有時還給你來個「買一送一」。誰知道自己會不會成為下一個令狐沖呢？甩鍋的行為是職場上的欺淩行為，跟校園霸淩一樣，霸淩者或甩鍋者是通過選擇來確定霸淩或者甩鍋對象的。背鍋俠通常是職場上的軟柿子，這種人能量小、氣場弱，受了委屈還不敢吭聲，最容易成為被甩鍋的那位。

令狐沖作為華山派首徒，武林新秀，能力還是不錯的，群眾基礎也非常好，但在強大的領導面前，仍然是弱勢一方。至於高層為什麼會把那兩大鍋扣在他頭上，選擇他來當背鍋俠，大有深意。職場上沒有無緣無故的愛恨，也沒有無緣無故的背鍋。簡單來說，令狐沖無意間影響了長官謀劃的一個大局，而且在未來可能會對其造成威脅，所以令狐沖必須背鍋，必須從此垮掉。

在職場上，有時並不像令狐沖那樣會背那麼大的鍋，以致背了兩大甚至可以直接定刑的鍋。甩鍋和背鍋更多發生於一些瑣碎的事情上，比如，項目上出了點錯，跟你合作的同事不願共擔責任，一口咬定出錯的環節是你負責的。但是，無論是主管還是同事給你甩鍋，都不會無緣無故。原因要麼在你，你的性格、氣質和處事方式等讓人看起來就是背鍋的最佳人選，他們猜測你不會反抗。要麼在人，他們不過是找機會公報私仇，可能此前你對他們產生了某些威脅。

這樣看起來，職場上的甩鍋背鍋有點像宮鬥劇一樣兇險。如何避開他人甩來的鍋變成了重要課題。是不是步步驚心、嚴防死守就可以了呢？比如，跟同事合作任何專案時，腦子裡總會有一個問題：「他要我這麼做，是不是未來想甩鍋給我？」長官安排任何一個任務給你，你總會提醒自己：「這件事情，長官為什麼會安排我做而不是別人做，是不是看我好欺負，讓我替他背鍋？」

過猶不及，這樣條件反射式的「嚴防死守」等同於給自己設置了一個受害者的模式，每天無休止地迴圈，提醒自己可能被人陷害。這樣草木皆兵，會破壞自己的整個職場節奏，影響職場心態，這根本不是避開甩鍋的最好方法。

令狐沖背了那麼長時間的鍋，從來沒有陷入受害者模式中，並沒有成天擔心可能出現的「捅刀」、「甩鍋」，而是把那些嚴防死守的精力放在了提高自身能力上。終於有一天，令狐沖練成了獨孤九劍，並且用業務實力和道德人品證明了自己。這段漫長的「背鍋史」讓他有了經驗來應對各種類型的甩鍋，最重要的是，磨煉出了良好的心理素質和強大的抗挫折能力，最後才鋪就了通向掌門人的成功之路。

這算是背鍋背出來的精彩人生吧。背鍋不是死路一條，而是千百條艱辛的職場路中的一條。誰會知道自己在職場上踏上哪條路呢？

還有與令狐沖的遭遇相反的一種情況，那就是有人會心甘情願地主動去背鍋。這聽起來讓人覺得不可思議，但背鍋者的動機和目標很明確，關鍵是看替誰背鍋。比如說，當主管的某個錯誤決策引發危機時，在眾目睽睽之下，有的下屬就會挺身而出說：「這都怪我自作主張，所以才犯了這樣的錯，請懲罰我吧。」這樣主動為長官背鍋，巧妙地維護了長官的面子。在職場上的互動中，你已經把事情先做好了，至於高層會怎樣對待你的「識大體，顧大局」，那就看上頭了。畢竟，球已經踢到長官的腳下了。

很多時候，下屬主動替主管背鍋，主管不會無動於衷。所以，在一些人眼裡，替上頭背鍋常常可以變成職場「進步」的階梯。桃花島傳人陸乘風就替師父黃藥師背過鍋：黃藥師曾經十分暴虐地將幾大弟子全打斷了腿趕出桃花島，既導致了桃花島門下後繼無人，也使得幾大弟子命運多舛。這個錯誤明明是黃藥師一手造成的，陸乘風完全可以當著天下英雄的面列出黃藥師的罪狀，如果還不解氣，甚至還可以往黃藥師身上再多潑一點髒水。但是陸乘風並沒有沉溺於個人的委屈情緒，也沒有放大受害者心理，反而誠懇地站出來對黃藥師說：都怪弟子不聽話，惹師父生氣；都怪弟子沒練好武功，給師父丟了臉。

這樣主動替黃藥師的錯誤背鍋，首先就緩和了兩個人原本對立的關係，並開始逐漸良性互動起來。黃藥師不是鐵石心腸，也不是道德淪喪，弟子顧全了他的臉面，他自然會用各種方式來償還弟子的情義。比如，他間接地將精心研發的幾門得意武功教給了陸乘風，還幫陸乘風的兒子娶了媳婦。

陸乘風的背鍋完美演繹了「背鍋是職場進步的階梯」。正常情況下，背過長官的鍋後，大概可以成為主管的嫡系，可以因此去邀一番功。但事情並不完全如此。比如，令狐沖替岳不群背鍋，處境卻一天比一天差，並沒有出現我們想像中的好處。這就是說不見得「投之以桃」，替長官背了鍋，長官就「報之以瓊瑤」。令狐沖碰上了一個愛甩鍋的主管，而黃藥師可不是愛甩鍋的，人不一樣，動機和處理事情的方式自然也就不一樣。都是替高層背鍋，結果可能就差出十萬八千里。有的背鍋者可能很快就成為高層的嫡系，進入職場上升的快車道；也有的背鍋者背得比竇娥還冤，日子過得比「小白菜」還慘。

所以，背鍋並不見得是一條職場捷徑。誰知道你碰上的領導是黃藥師還是岳不群呢？

背鍋的職場戲碼隨時都可能上演，有人把它當成晉升捷徑，未必不是冒風險，也有人被它折磨得不輕，但未必不是鳳凰涅槃的契機。不過，如果陷入受害者的迴圈模式就真的是死路一條了。人生中禍福相依，職場也一樣。調整心態來看待背鍋，兵來將擋，水來土掩，沒什麼大不了。

合作才能共贏：左冷禪的敗局分析

「合作共贏」雖是一個很現代的詞彙，但這個詞彙蘊藏的精神價值並不新，跟「互惠互利」差不多。比如《三國演義》中劉備採納諸葛亮的建議，組建孫劉聯軍，最後打敗曹操。再比如，「中神通」王重陽聯合「南帝」一燈大師，把兩大派系的武功做了大融合，最後破了西毒歐陽鋒的功力，使中原武林得到十數年的安寧。劉備、王重陽等人用的就是共贏思維，他們通過合作使得雙方獲得更大的利益。

《笑傲江湖》中，嵩山派掌門人左冷禪不是不懂合作共贏，而是不想用。一開始他正是借合作共贏的態度，贏得了幾家兄弟單位如恒山派、泰山派等的支持，成功組建了五嶽劍派聯盟。但明眼人早看出來，他的合作共贏只是表面功夫，實際上他只想一家獨大，吞併其他四個門派。這就不是合作共贏的事情了。

左冷禪憑著自己的才華和實幹精神，在很年輕的時候就當上了嵩山派掌門人，起點很高，氣勢銳不可當。在制訂嵩山派百年發展大計時，他仔細摸過四家兄弟公司個別經營狀況和人力資源狀況的底，並逐一分析出他們各自的優勢和劣勢。經過一番精密籌謀後，他利用嵩山派的絕對優勢和話語權，先是組建了聯盟性質的五嶽劍派，由他出任首屆盟主。表面看起來，這的確有合作共贏的誠意在，

但是，他私下裡的小動作卻在配合他的終極目標——吞併這四家兄弟企業。待五家合一之後，成立一個更大規模的江湖門派——五嶽劍派，而自己將出任新門派的掌門。

左冷禪大約是嵩山派開派幾百年來野心最大的掌門人，他給嵩山派繪製了宏偉藍圖，做出周密的規劃部署，並將嵩山派帶入高速運行軌道，使它有望在不久的將來成為可以比肩少林、武當的大門派。當然，左冷禪的為公即是為私。為嵩山派的發展壯大，只是左冷禪雄心的一部分。另一部分則是出於個人品牌的考慮，左冷禪未來不只是嵩山派的左冷禪，更是五嶽劍派的領導者，也許未來還是整個武林的盟主。

心有多大，舞台就有多大。他的夢想變得愈來愈大，驅使著他有了更清晰的奮鬥目標。左冷禪是實幹型人物，勾畫好藍圖後就立即投入人力、物力開始捲起袖子大幹一場了。他在江湖上積極地拋頭露面，出席各種活動，四處行銷自己的「合作共贏」理念。但是，他的一切行動都成了「司馬昭之心，路人皆知」，引來江湖輿論一片譁然。有人諷刺為野心，有人稱為癡心妄想。江湖上幾大巨頭對左冷禪的才華都不否認，給他貼過幾個標簽：「武功了得」、「心計也深」、「才大志高」、「左盟主文才武略，確是武林中的傑出人物。不過他抱負太大。」

左冷禪不會不知道別人對自己的評價，只是無所謂。要做大事的人，自然不會被一些干擾的話語輕易阻擋。說野心也好，妄想也罷，難道就要像其他幾個山頭的兄弟那樣平平庸庸地過下去？左冷禪早就看他們不順眼了，那些人一個比一個佛系。

衡山派上至掌門人下至底層弟子都愛玩音樂，拉二胡的、玩古琴的，足可組出一個男子十二樂坊，門派發展的路子早就跑偏了，忘了江湖人士的初心。華山派岳不群夫妻的武功不算高，弟子也不多，還沒什麼錢，但都不貪心，日子過好過壞反正也餓不死。恒山派、泰山派基本也是什麼都不幹，得過且過地各自養活著幾百號人。

兄弟公司這種半死不活的狀態，早晚會被市場淘汰。而左冷禪打算合併他們，讓恒山派、泰山派、華山派和衡山派這些名字在江湖上消失，最後只有一個由他主導的五嶽劍派，將他們進一步整編，優化管理，一起奔向新目標：成為一個江湖上鼎鼎大名的江湖門派。這難道不是在「悲天憫人」，難道不是在為那些沒有發展前途的公司「雪中送炭」嗎？

多年經營管理門派的經驗讓他清醒地認識到，這四大山頭的兄弟公司儘管都是人浮於事，根本就沒什麼實力可以對抗嵩山派，依靠武力完成征服是沒太大問題的，但五家真合併起來，才是困難重重。

首先涉及人事、制度、業務、財務等諸多方面的合併，合併之後，人心安撫和業務運營等工作也不是小事。所以，完成五嶽劍派的合併是嵩山派歷史上最巨大的一項工程，當然不是他一個人就能實現的。他需要大量用人，需要人們來為他的理想添磚加瓦，最後成就嵩山派，成就他個人的價值。

左冷禪懂得拉攏人心，在嵩山派的內部，不知是精神感召還是利益分配得當，或者說他在用人之際對部下非常誠懇，總之，他一直不缺人手。

更厲害的是，這幫忠心耿耿、唯左掌門馬首是瞻的嵩山弟子將他的理想當成了自己的理想，他們走到哪裡，就將左掌門的名字、精神和戰略帶到哪裡。

他們賣力地推廣「左盟主」、「左師兄」的夢想和合作共贏戰略：「左師兄他老人家有個心願，想將咱們如一盤散沙般的五嶽劍派，歸併為一個五嶽派……」對於諸如「五嶽劍派，同氣連枝」一類的標語，但凡在場的人都是想忘也忘不掉，聽起來，左掌門是真心要跟大家合作共贏的。

嵩山派弟子的工作很辛苦，他們常年都需要在全國各地出差，臥底的、灌水的、放煙幕彈的、圍追堵截的，各司其職，但從沒人有怨言，也沒人跳槽。算算嵩山派弟子一年出差的人次和時長，不能不說左冷禪的調度能力強大，而且嵩山派的家底兒也實在不錯。

但是，左掌門面對四家弱小的兄弟企業，卻完完全全是另一種心態和姿態。左冷禪只是想征服和合併這四家公司，嘴上說的是合作共贏，實際上卻從沒想過給任何一家分一杯羹。所以，在嵩山派外部，除了他重金收買的那些人，其他人誰也不會相信他所說的話。他的合併理想只是他的一廂情願。

左冷禪其實是個非常高明的棋手，在嵩山之巔布了一盤大局，每一著棋下得非常謹慎，身邊的人也非常給力，但他輕視了外部合作關係。正是輕視這一著棋，才使得他苦心經營的整盤大棋最後輸掉了。他的敗局來自外部力量，他遭遇了其他兄弟公司企業的強烈抵制，沒有人想要他以這種方式合併。憑什麼把自己盤子裡的乳酪送到你左冷禪嘴邊去呢？至於你的遠大理想，跟人家半毛錢關係都沒有！

所以，無論左冷禪怎樣枉費心機地強勢打壓和圍追堵截，那幾個小門派即使再弱也有人敢跟他鬥爭到底。職場上要有共贏心態，這樣才能保持兩個人、兩個部門或者兩個公司之間的可持續發展，以左冷禪的才幹和野心，如果從一開始就持合作共贏的心態，五嶽劍派的合併未必會失敗。

長官面前可以裝弱但哭屁啊

先別忙著說職場不相信眼淚。這需要具體情況具體分析，因為總有例外。比如，《笑傲江湖》的開頭有一場精彩大戲，儀琳因公外出時受到壞人欺負，回到領導——定儀師太身邊時，她就抹著眼淚傾訴自己的遭遇，令讀者意外的是定儀師太那麼一個火暴性子的人，竟然能積極回應她，給予極大的包容和同情，還激起了對壞人不共戴天的義憤。儀琳這場梨花帶雨效果真是太好了，確認了長官對自己的關愛之情，我們由此也大可以斷定，儀琳平時在其心中的重要性。

不過，職場上掉眼淚並不是百用百靈、有普適性功能的招兒，不要以為儀琳親測有效，我們就可以有樣學樣地任性使用。嚴格地說，它需要綜合考慮以下幾個因素：在什麼人面前流淚有用，在什麼場合下流淚有用，在什麼事情上流淚有用。

如果以上問題都找不到準確的答案，那麼盲目使用掉眼淚這一招必將帶來不良後果。就好比說你明明就是古墓派的洪淩波，偏偏學儀琳小師妹，弄巧成拙。這位洪淩波師姐的職場命運是這樣的：如果她在外面受了委屈挨了打，回到公司裡哭啼啼的，她的領導李莫愁一定不會有好臉色：「哭什麼哭？落後就要挨打，腦子不好就會交智商稅。你覺得你有什麼臉哭？還不趕緊加班去？」

雖說這類主管的說話藝術確實有待提升，話說得讓人無法接受，但她字字又直指真相——你的業務不精。業務不精的後果是你在現實面前四處碰壁，有時還不是你一個人面子受挫的問題，公司也在為你的業務不精而埋單，比如說，可能導致客戶流失或者經濟損失。這種情況下，對比光想著自己委屈只會哭喪臉的你，上頭恐怕更希望看到一個去彙報補救方案的你。

前者給人的印象是拎不清輕重，又易於陷入個人的情緒之中；後者給人的印象是積極上進，有錯能改，有可塑空間。所以說，我們無論如何都要克服掉眼淚這種廉價的自我憐憫的習慣，要抓緊時間去學習，即使取得一點點的進步，也比眼淚值錢得多。

職場是不會相信眼淚的。不要過多期待你的主管會像培訓班老師一樣，手把手地教你每一個業務該怎麼開展、每一個報告該怎麼寫；也不要過多期待你的頂頭上司會像心理諮詢師一樣，能耐心地傾聽你在客戶那裡受過的委屈和業務開展時的艱難，當你錯了、當你業務能力不足時，還要翻來覆去地安撫你說「這不是你的錯」。

那些動不動就利用掉眼淚來賣慘、博同情、博資源的員工，如果主管在同情他、支持他，你不覺得這個主管的選人標準和用人策略是有問題的嗎？對於其他敬業且能力強的同事來說，這樣難道公平嗎？誰弱就要優先照顧誰？

洪淩波是會判斷職場形勢的，用儀琳那一招反而更招領導嫌棄。她在跟著長官李莫愁外出辦事的時候都是盡心盡力的，但因為業務不算太精，所以發揮不穩定，時好時壞，失誤時，總是會遭到她那個情緒化的長官批評。因為業務不精挨了批評或者經常挨批評怎麼辦？沒面子是肯定的，掉眼淚是萬萬不可以的，洪淩波的策略是忍下去就好了。

但僅僅是忍著不掉淚，似乎還不是職場的最優解。一個擁有成長型思維的職場人士，哪怕一開始能力不足，都會通過學習來彌補自身不足，改變職場命運。只有最終抵達了提升自我的層次，才算完成了真正意義上的成長。

故事從頭到尾，我們見到李莫愁多次批評洪淩波業務差，卻沒見到洪淩波精於業務學習，最終在能力上有質的飛躍。從某種意義上來看，這是一個業務不精的職場人士的自我放棄。洪淩波選擇了做一枚不思考、不作為的棋子，進退的決定都交給他人。結果是，李莫愁在陷入生死危機時，連想都沒想就將她拉出來犧牲了，這就打破了洪淩波苦心維持的職場狀態，她原本以為謹小慎微、死心塌地就能保障自己在職場上順水順風，其實這是根本不可能的。越是想要維持這種安逸狀態的時間久一點，越是不想去打破舒適圈，最後的結果越是被動。

職場不相信眼淚，也不需要像洪淩波這樣一忍再忍，忍到最後還是像棋子一樣被犧牲掉。所以，還是多來點兒生存能力吧，就像《射雕英雄傳》裡的梅超風那樣。別看她是個不招人喜歡的大反派，但是她在逆境中苦練功夫確實超過了很多人——她和師兄師弟們一起被暴脾氣師父黃藥師趕出了桃花島，剛被趕出來的時候，像大多數勞動合約上的乙方一樣，梅超風並沒有真正有效的自我保護能力和議價能力，十幾二十年來都依賴公司生存，一朝被炒了魷魚，還被老闆在圈內進行了封殺。

不要說謀發展，就是想要謀生存都變得十分艱難。

梅超風即便想哭，又哭給誰看？想抱怨，又能抱怨給誰聽？不過，以梅超風的倔強，她大概是不屑於以哭來示弱的人吧。

被趕出來的梅超風後來怎麼樣了呢？她深居簡出，在大漠一待就是十年，這十年中她和師兄陳玄風算是真正下了一番苦功夫，臥薪嚐膽，不斷精進。最後重出江湖的時候，大概除了她師父和其他幾位泰斗級的武學大師，一般江湖人士都不是她的對手，遠遠地超過了同時代的同齡人。

過去在桃花島的十幾二十年裡沒有想過奮起改變自己的命運，而在被迫辭職嘗盡苦頭後，她才不斷告誡自己：職場上只有強者才有話語權，才能改寫或制定規則。千千萬萬的職場洪淩波們，要想改變命運，必得先改變思維、改變心態。只有這樣，才能提升能力，否則將永遠陷在「鬼打牆」一樣的死循環裡。

誰說公司就應該更愛你

很多人自我感覺良好，在職場中常常覺得懷才不遇。這種情況通常基於兩種錯誤認識——我的待遇有偏差，公司應該更愛我。具體來說就是，他們覺得自己值月薪四萬元，可是公司只給了社會新鮮人勞動部公布的基本薪資；自己為公司任勞任怨地付出，沒有功勞也有苦勞，可總是與年終獎、升職、培訓、帶薪休假全都無緣，公司為什麼從來沒有想到獎勵我？

對自己有正確的認知是一件非常難的事情，所以才會有各種臆想中的懷才不遇。這就像一種慢性病，讓人沉溺在怨念之中，在內耗中消磨了能量和銳氣，最終一事無成。很多人總是怪公司太刻薄，配不上自己的辛苦付出和才華，卻從來不去想自己究竟能為公司做多大貢獻，而這些貢獻是不是值得公司給你一個更高的評價。

我們對自己的評價和公司對我們的評價總是會有偏差，在大多數人身上，都是給自己打滿分。也就是說，我們覺得自己非常了不起，但公司卻不這麼認為。《笑傲江湖》中的「大嵩陽手」費彬自視甚高，雖然已經是嵩山派裡有頭有臉的角色——「嵩山十三太保」之一，在嵩山派排名前五，大老闆也非常器重他；要說憑他的能力，得到目前的職位，其實不算嵩山派領導虧待他，哪能算懷才不遇呢——但從費彬飛揚跋扈的勁兒來看，大領導許他的職位、待遇和未來，未必真的就滿足了他的心願。誰知道他有沒有私下抱怨過「我的待遇為什麼不如陸柏，公司為什麼不能更愛我」？誰知道他面對老闆時，心裡有沒有藏著一個「彼可取而代之」的夢想呢？

不管位置坐到多高，不管待遇有多豐厚，只要與心中的期望值不一樣，他永遠都會不甘心，也永遠覺得被虧待了。但從公司的角度來看，「大嵩陽手」費彬並不是獨一無二的，雖然排名靠前，也常年作為高層的心腹辦理各種重要業務，但還沒有重要到缺了他嵩山派就垮掉的程度。再說「嵩山十三太保」中的任何一個人隨時都可以替代他，所以公司對他的估值並沒有他自己認為的那麼高。

多年來，公司和大主管一直只是讓費彬坐著第四把交椅，在幾位競爭者同樣沒有後台的情況下，決定他們座次的根本因素還是公司對他們能力的評估，相對來說這也是公平和公正的。至於每個人都希望的「待遇更好，公司更愛我」，在某種程度上，都只是個人的想法而已。

費彬的同類人物還有《倚天屠龍記》裡的金花婆婆，這位金花婆婆跟公司之間的糾葛不在於自己的懷才不遇，而在於她的懷恨在心，因為她覺得公司不夠愛她，不能為她的事情一路開綠燈。她曾是明教四大護教法王的首席法王，是教主的義女，還為教主、為明教立過大功，一時間風光無限，全教上下都捧著她。她想要星星要月亮，想要明教公司的股份，教主也沒有不給之理。

「登高而跌重」這樣的道理說得沒錯。金花婆婆正是因為在大明教集團的位置太高，光環太大，以至於感覺好到明教仿佛就是自己家，這輩子不論何時何地都可以隨時享受明教的福利。明教不過是一家養老福利和醫療福利並不完善的民營公司，而金花婆婆的期待值又太高，一旦沒有實現，心理落差就很大。現實點來看，公司的現役職員所期待的未必都能實現，更別提金花婆婆這種前任職員了。

金花婆婆在自己估值最高的時候並沒有向公司提各種要求，總想著自己有能力、有信心、有情懷、有愛情，什麼養老保險和醫療保險都不重要了，然後華麗麗地辭職去東海小島上過起神仙眷侶的生活，直接刪掉過去所有主管、同事的聯絡方式，似乎認定本仙女不用跟人類來往了。誰料，這神仙畢竟也吃五穀雜糧，也會有生老病死。金花婆婆的老公得了重病，她不得不帶著老公出島求醫，不得不向前公司求助。

明教是當時較大的公司之一，員工福利比其他門派好很多，最起碼有附屬醫院——蝴蝶谷，有當時江湖上最權威的醫學專家——蝶谷醫仙胡青牛。金花婆婆帶著老公找的就是胡青牛。這時她才發現「公司應該更愛我」之類的福利是有時間期限的，她曾經在明教立下的功勳也成了過去式，她想要享受明教員工的醫療福利已經變成了比登天還難的事情。現實狠狠地打了她的臉：胡青牛拒絕給她老公治病！理由是他作為明教醫生，只給明教在職職工看病，決不對外服務。

堂堂前高管如今落到下跪求人的地步，可惜面子丟盡也無濟於事，最終還是眼睜睜地看著老公不治而亡。這在金花婆婆看來，責任都在於公司沒有人情味，把她是明教公司的大功臣和前任高管的事實忘得一乾二淨，沒有對她特殊照顧。這是她完全不能接受的，於是跟明教公司結下死仇。

可是，從明教公司的角度來看，前任員工提出這樣的要求，他們覺得自己萬分委屈，公司跟金花婆婆的員工聘用合約早已到期，並不屬於雇傭關係，自然也無須再提供明教職工才有的福利。公司要發展，如果一天到晚照顧各種人情，做各種公益，怎麼說也是不現實的事情。

公司都有一定之規，有約定的薪酬體系和各種福利制度，不是從接受勞動合約時起就意味著認同它的嗎？那為什麼要例外為你更改規則？在你希望公司更愛你、給你更高的待遇和福利的時候，也問問自己：有沒有為公司做了比別人更多的貢獻呢？

點破職場迷津

📖 背鍋的職場戲碼隨時都可能上演，有人把它當成晉升捷徑，未必不是冒風險，也有人被它折磨得不輕，但未必不是鳳凰涅槃的契機。不過，如果陷入受害者的循環模式就真的是死路一條了。人生中禍福相依，職場也一樣。調整心態來看待背鍋，兵來將擋，水來土掩，沒什麼大不了。

📖 千千萬萬的職場洪湊波們，要想改變命運，必得先改變思維、改變心態。只有這樣，才能提升能力，否則將永遠陷在「鬼打牆」一樣的漩渦裡。

📖 對自己有正確的認知是一件非常難的事情，所以才會有各種臆想中的懷才不遇。這就像一種慢性病，讓人沉溺在怨念之中，在內耗中消磨了能量和銳氣，最終一事無成。很多人總是怪公司太刻薄，配不上自己的辛苦付出和才華，卻從來不去想自己究竟能為公司做多大貢獻，而這些貢獻是不是值得公司給你一個更高的評等。

CHAPTER 7

沒有核心競爭力混什麼職場

第七章

十八般武藝，不如一個核心競爭力。
職場上的精進和競爭永無止，
在你看不見的地方，很多人都在默默努力。

沒有核心競爭力混什麼職場

什麼是核心競爭力？就像王重陽有先天功，一燈有大理段氏一陽指，黃藥師有碧海潮生曲和彈指神功，周伯通有左右互搏術，這些本事要麼是人無我有，我這門本事是世界上獨一無二的；要麼是人有我優，如很多人都會少林功夫，而我練的水準卻最高。這便是職場上生存和發展的根本。如果你所擁有的本領人人都會，好比全真教裡第四代第五代小道士會背本門派的內功心法，那也只是全真教的平均水平。如果你不能將它練到超越大多數人，就只能在低門檻的崗位上工作了。

要在核心業務上做到創新，有一項能力是完完全全的「人無我有」，非常不容易。不管是先天功，還是一陽指，都不是那麼容易由一個普通人就能原創出來的。大多數情況下，你至少要做到「人有我也有」，然後達到「人有我優」。此外，將這兩個原則做一下折中的處理，就是：在同質化的基礎上做出差異化。

當大家擁有同一種技能時，如果不能「人有我優」，就可以有區別地發展自己非公司核心業務上的其他才能——也算是小小的「人無我有」，同時也是「人有我優」——好比一個工程師，除了跟其他人一樣會程式設計，還有別的優勢，比如會做很精彩的PPT提案簡報、演講能力特別好，等等。就是那些段子裡說的，我是打乒乓球的人中唱歌最好的；我是演員中足球踢得最好的；我是聰明人中長得最漂亮的；我是漂亮的人中最努力的。這時候，在這個工程師的團隊裡，即便程式設計這個業務技能不是第一，卻擁有其他一技之長，或許是組織能力、戰略能力，或許是執行能力，也都可以成為自己的核心競爭力。

《書劍恩仇錄》中的大幫派——紅花會裡有十幾位當家的，個個都是能人異士，能力上誰都不比誰差。其中七當家徐天宏除了業務能力好，還有一樣「人無我有」的本事便是擅長出謀劃策。他號稱「武諸葛」，腦子轉得快、應變能力強，相當於紅花會裡的軍師，大家無論遇到什麼事，都願意找他商量，請他出主意。就連作為大主管的總舵主也是動不動就問：「七哥，你看怎麼辦？」他的這一能力在紅花會裡實在是太突出了，無人可替。

在職場上沒有核心競爭力，可能隨時就會被撂倒淘汰。《雪山飛狐》中，毒手藥王門下有幾位武功、智商、人品都不怎麼樣的師兄，怎麼也想不到，最終在業務能力上被聰明的小師妹程靈素給完全碾壓了。他們比小師妹大二三十歲，入門也早得多，同一個師父教，同一個教室同一本教材學，偏偏小師妹學得最好、能力最強，這真是歲數增長的不見得都是智慧。所以，師父為了藥王門能繼續發揚光大，最終英明果斷地選擇了「立賢不立長」。師兄們輸在哪裡？輸在核心競爭力上。

金庸小說裡有很多蠢萌的大師兄，他們因為缺乏核心競爭力，所以個人的生存空間和發展前途都被擠壓到最小，最多也就是做一輩子本門派的老員工，對於在競爭中大獲成功的師弟師妹來說，他們根本連對手也算不上。

提升核心競爭力，自然不是通過打擊報復競爭者就能達到的。比如藥王門裡的那些師兄，就算把業務能力最好的小師妹程靈素擠走了，提升的也只不過是個人的業務排名，跟核心競爭力的提升沒有關係。做到公司裡的排名第一，不過是一個相對高度，並不是絕對高度。天外有天，人外有人，核心競爭力也是沒有上限的。這些師兄們偏偏將時間和精力投入在耗時耗力的內鬥中，並滿足於看到鬥爭中的一點小小勝利。他們在被這種思維框住的時候，並沒有想過，如果把這股勁兒用在提升自己的核心競爭力上，再假以時日，會有怎樣的收穫。

藥王門的師兄們在本公司中找不到優越感，便選擇跳槽投靠了他們的師叔。在這位別有用心的師叔的帶領下，大家徹底遠離了業務技能的培訓，開始四處宣傳、炒作，最後還跑進京城去參加官府舉辦的掌門人大會，想通過這種形式來揚名立萬。比起程靈素靠勤奮抓業務，這條路走起來似乎輕鬆便捷得多，但與提升核心競爭力是背道而馳的，離成功也越來越遠。

如果沒有核心競爭力，即使換個地方，也不一定會擁有更好的前途。很多在各種公司之間跳來跳去的職場人士，跳槽對他們來說，形式大於意義。跳到別的公司裡，雖然沒有像程靈素這種業務高手擋住自己的上升通道，但總還會碰到別的競爭對手。所以，要想在一家公司站穩腳跟，根本辦法只能是提升自己的核心競爭力。

跳槽前不妨先向自己提幾個問題，如果你是老闆，願意雇用像自己這樣的員工嗎？在一個公司裡，你真正的價值是什麼？跟競爭對手比起來，你有哪些優勢？也就是說，你擁有核心競爭力嗎？

提升核心競爭力如同逆水行舟，不進則退，確實是一個令人焦慮的職場話題。這個時代，總有人看得到你的需求，放大你的焦慮，並打著善意的旗號告訴你，你可以報大師親自指導的提升班「七天學會彈指神功」，也可以報足不出戶的線上培訓「碧海潮生曲高階培訓班」，還可以通過一些知識付費的應用程式（APP）來獲取各類菁英課程「左右互搏術」……。總之，提升的方法多種多樣，讓你零起點即可快速掌握。是嗎？零起點掌握，幾天就提高？如果學了卻沒有立竿見影，這豈不是更讓人焦慮？

在焦慮狀態下，判斷會失去理智，節奏會被打亂，即便努力去做，也很難達到理想效果。核心競爭力是勤奮的結果，是思考和實踐的結果，光是一天到晚地狂熱焦慮、投機取巧、蠅營狗苟，怎麼可能擁有核心競爭力呢？

把職場掌控力留給自己

在人際關係中，「控制」是一種特別不好的關係狀態。比如，在戀人之間、親子之間，如果一方被另一方控制，常常導致弱勢一方對強勢一方產生依賴，而有依賴自然就會阻礙成長。這個道理在職場上也一樣，個人和公司之間如果是控制和被控制的關係，如果員工年復一年地抑制自己的主動性和創造力，完全變成公司的定製品，對公司的依賴自然就會越來越多。

沒有人會願意被他人控制，首先，「被他人控制」就不是一個好的正向狀態，更何況無論是人生還是職場，我們都需要掌控自己，這樣才能對自己和未來說了算。但事實上，很多人的職場狀態就是過度依賴公司，一旦離開這家公司，如果沒有同樣的崗位和同樣的任務，此前所積累的經驗基本上等同於無效經驗，會變得寸步難行。但他曾經主動交換出去的，不就是公司對自己的控制權嗎？

對於公司來講，讓員工像螺釘一樣在各個崗位上發揮作用，或許可以節省一些管理成本，至少是有些明顯的短期效果，不然也不會用它了。《天龍八部》中的天山童姥就喜歡通過控制來管理下屬企業和員工，並且對管理效果很滿意。因為她的企業規模龐大，人員數目繁多，在嚴苛的控制下，保障了企業的正常運行。

其實，她自己也應該知道，從長遠來看，這種控制模式並不是一種好的管理方式，因為它不能激發出員工的創造性和主動性。從個人發展的角度來看，只有擺脫了公司的控制和自己對公司的依賴，才會有未來。《天龍八部》裡三十六洞、七十二島的頭領們為什麼要不惜一切代價地來擺脫天山童姥的控制？原因正在於此。

三十六洞、七十二島是一些江湖三流、四流小幫派的統稱。江湖上，大魚吃小魚，快魚吃慢魚。這些能力平平的洞主、島主們，以及他們手底下的兄弟們，後來就一起變成被天山靈鷲宮吃掉的小魚和慢魚。接受靈鷲宮的統一管理後，洞主、島主們不僅沒了業務上的自由，財務也被人牢牢控制。這幫人過去雖然只是經營小小的創業公司，可能朝不保夕，但怎麼也是管著幾十號人的一派之主，原本在自己的地盤上可以當家做主，有簽字權和人事權。而今一年到頭卻變成靈鷲宮統一分配工作任務，替靈鷲宮打工。此外，還得哄著大老闆開心，費盡心思找各種山珍海味、奇珍異寶去進貢，唯恐得罪了大老闆。

被大公司控制後的日子實在太慘，以至於一些洞主、島主倒苦水說：「我們三十六洞洞主、七十二島島主，有的僻居荒山，有的雄霸海島，似乎好生自由自在、逍遙至極，其實個個受天山童姥的約束。老實說，我們都是她的奴隸。」、「數十年來受盡荼毒，過著非人的日子。」

在這樣的控制下，在相當長一段時間裡，大家喪失了希望，只是被動地接受統一訓練，接受上級下達的任務指令，失去了主動工作的意願和熱情，每天勤勤懇懇但求無過而已。

當個人沒有絕對競爭力、處於弱勢地位的時候，就真的只是那句「公司虐我千百遍，我待公司如初戀」，三十六洞洞主和七十二島島主們對此深有體會。他們在大老闆天山童姥面前，感覺自己就像如來佛手心裡的孫悟空，怎麼翻筋斗也翻不出去。別以為天高皇帝遠，大老闆天山童姥有她獨創的一套管理機制，幾乎從無漏洞。比如，她會經常派自己的「嫡系部隊」——符聖使巡視組去全國各地出差，監督三十六洞、七十二島等小公司的日常工作，有情況會立即彙報總部，或者直接代替大老闆實施懲罰。

直到有一天，終於有人發起了「抗童姥自治救亡組織」，讓大家看到了希望，更看到了未來的利益，於是才漸漸下決心投入反抗鬥爭的洪流。這個組織中的靈魂人物烏老大是個很了不起的人：不僅具有強烈的反抗精神和獨立意識，期待通過努力來脫離公司總部和大老闆的控制，追求自由，實現真正的自我發展；而且還是個行動派，他將所有洞主、島主們都發動起來，抱團取暖和互相監督打卡，共商大計。大家都看到了自己與靈鷲宮之間控制與被控制的關係，在控制之下，是沒有未來的，所以大家的首要目標是聯合起來行動，努力爭取擺脫這種控制。

這些洞主、島主們的抗爭之路非常艱難，在擺脫控制、爭取自由的路上吃盡苦頭。這些挫折難免會被那些樂於接受控制的人潑冷水，他們認為這是無謂的抗爭，是一種瞎折騰，因為他們本身對這種被控制的感覺並不在意。比如無量洞被靈鷲宮控制後，內部的多數員工反而覺得：「咱們無量洞歸屬了靈鷲宮，雖然從此受制於人，不得自由，卻也得了個大靠山，可以說好壞參半。」

在職場上，可能很多人都有只顧眼前的想法，寧可像無量洞底層員工那樣選擇依賴公司，把自由交給公司，換取每月並不豐厚的薪水，覺得這樣算是有了靠山，不用自己直面市場風險。在他們看來，公司又不是自己一個人的，效益好就留下來幹，如果不好那就想辦法跳槽唄。如果是自己創業開公司，自負盈虧，這得操多少心哪！

如果真正想在職場上站穩腳跟，就要迎難而上，需要的是獨立思考，而不是接受控制、依賴公司、享受短暫的平靜。思考越少，依賴必定越多。很有可能，無量洞那些願意接受控制的員工們每換一條流水線，就得重新學習來適應，他們的未來永遠在公司或他人的掌控之中。

是要一片天空自由翱翔，迎接市場殘酷的風雨洗禮，還是依託於公司或他人，在控制之中享受短暫的靜好歲月，這雖然是每個人的自由意志，但是，只有將職場的掌控力留給自己，才會給人生帶來真正的希望。

俞蓮舟的修煉：謙卑謙卑再謙卑

如果丘處機生在今天這個崇尚個性張揚的時代，大概能活成個行銷專家，在牛家村遇見粉絲郭、楊兄弟二人時他就該說：「貧道平生所學，稍足自慰的只有三件。第一是行銷……」就算沒有行銷團隊替他運作，單打獨鬥他也能立即把自己打造成一個網紅武學大師。

跟丘處機比起來，武當二俠俞蓮舟似乎欠缺的正是這種自我行銷意識和能力。他非常低調，自己有多少優點從來都不輕易顯露，除了他自己，估計連那知人善用的師父也不一定完全知道他有多大本事。這種處世方式大概註定了他做不了像丘處機那樣的網紅大師，人家高調地營銷，帶來的是商業上的巨大流量和收益，這樣的利益對於大多數人來說都是難以抗拒的。

在自我行銷這件事情上，俞蓮舟真的看不到名利雙收的效果嗎？不是。他沒這麼做，不是不能，而是不願，這跟他的價值觀有關。半桶水晃蕩，滿桶水卻沉穩，波瀾不驚。他在武當幾十年的修煉，目標只是想做低調的滿桶水。但是從效果來看，低調做人做事的俞蓮舟和高調的丘處機相比，前者雖然不急不躁、不爭不搶，但最終名譽和利益仍然蜂擁而至，因為，是金子總會發光的。不過，這是個緩慢的過程。

俞蓮舟在《倚天屠龍記》裡是江湖高手榜中的上上流人物。書上說：「便是崑崙、崆峒這些名門大派的掌門人，名聲也尚不及他響亮。」這句話可以這麼理解：一個世界五百強企業的高管，雖然還沒到 CEO 的位置上，但名頭卻比那些普通公司的 CEO 更響，人脈更廣，能量也更大。

這是自然的，一則因為武當是名門正派，招牌響噹噹；二則俞蓮舟功夫高，行事正，人品好，妥妥的社會精英人設。換成當今社會，像俞蓮舟這樣的社會菁英，給母校捐款，出席商業活動，一舉一動都能上頭條、上熱搜。走到哪裡，他都是各界人士願意結交的人物。但俞蓮舟偏偏不喜歡拋頭露面，做人做事一向低調，從不接受個人採訪和宣傳。

在武當派創始人張三豐眼裡，俞蓮舟不算可愛，經常一張嚴肅的臉，也不擅長說好聽的話。跟幾個師兄弟比起來，他沒有大師兄溫和，沒有四師弟機智，沒有七師弟豪爽，這種性格似乎特別容易在老闆心中丟分。

雖然不張揚，也沒有討喜的性格，但俞蓮舟卻很牛，牛在他做事穩當，在武當七俠中，他的這個特點非常醒目。高層交代過的事情，他從來就沒辦壞過。好在碰上了欣賞、珍惜他的上司，最重要的事情總是指派他去做。但他有功卻從來不邀功，哪怕只是在長官面前多提一句自己的辛勞和功勞，增加長官對自己的好感度，他也不去做，完全一副什麼都不稀罕的樣子。很多人或許會覺得，如果上級完全看不到你做過什麼，那不是太可惜了嗎？俞蓮舟可不這麼想。

在同門學藝幾十年的師弟眼裡，俞師兄是一個很酷的人。雖然並不可愛，大家多半不會想著跟他說個什麼心裡話，也不會叫他一起喝酒吃飯、打牌娛樂，但每個人心裡都清楚，俞師兄特別靠譜，又樂於助人。五師弟張翠山在遇到困難時，正是低調的俞師兄拼盡全力護送他們一家三口平安抵達武當派；六師弟殷梨亭覺得他疾惡如仇，鐵面無私。這幾個小師弟對他的敬畏，遠超過已經在武當派當家的大師兄。

俞蓮舟在武當派內部恪守了很多職場法則，比如他保持低調為人，從不會在資歷淺的師弟們面前炫耀，從沒有說過「師兄當年怎樣怎樣」，連讓師弟們投來崇拜的目光和鼓掌的機會都不給。對於他來說，過往的功勞都是小事兒，沒有必要印成金光閃閃的大字貼在腦門上，唯恐別人看不見。他要做的事情是挑戰自我，不斷提升自己。至於其他，比如在企業裡經營自己的人設，在主管面前刷存在感，俞蓮舟才沒有工夫做這種很無聊的事情呢。

比如，他不會自作聰明亂說話。職場上，言多必失。俞蓮舟不會是傲嬌的郭芙，不會是放蕩不羈的令狐沖，也不會是心直口快的七師弟莫聲谷。所以，很多想法不經深思熟慮，他是決不會輕易出口的，很多事情不到胸有成竹時，他是不會輕易去做的。怪不得張三豐會覺得他比其他弟子更沉穩，更值得信賴。

俞蓮舟在江湖上也從不張揚和炫耀，逢人禮讓三分，不端架子。參加會議從來不坐主席台，出席活動從來不要出場費，更不需要配得上身份的接待檔次，出行是坐商務艙還是經濟艙都無所謂，住宿是連鎖經濟型酒店還是星級豪華酒店，也一律不介意。這麼大的腕兒，出門低調得像個普通的江湖漢子，哪裡能看出來這就是鼎鼎有名的武當俞二俠。

在外面洽談業務時，俞蓮舟永遠低調行事，喜怒不形於色。有一次，他跟崑崙派的人談合作。在所有的談判中，他從來都是儘量做到「你先說」，等別人先出牌。對方說完後，明明以他的資歷，以領導對他的授權，他完全可以當場拍板，但他總是緩緩地表達要先請示長官再答覆，他會客氣地說「在下無德無能，焉敢妄作主張？……在下須得稟明恩師和大師兄，請恩師示下。」

有時碰到對方無禮，甚至是諷刺他和他的師父，他也不會動怒，靜靜地耐心聽完，最後才一點一點亮出自己的底線和原則，並且在對方防不勝防之際一點一點收復失地。

有些人不能理解俞蓮舟的低調，明明可以前呼後擁卻偏偏低到塵埃裡，明明可以有資歷揚眉吐氣卻偏偏謙虛自抑，這不就是錦衣夜行嗎？就算不圖出名後帶來的優越感，被認同、被關注的自豪感，但一味為人低調有可能讓旁人過度勒索、狂佔便宜，這種感覺總該讓人無法忍受吧？但俞蓮舟都不在意，因為他從來不把出名看作人生目標，也很少在媒體上露面，沒什麼人認識他，也減少了作為公眾人物的壓力。

在職場上，要高調還是低調，每個人都有自己的選擇和判斷。有人選擇像丘處機那樣行銷自己，高調做事做人，打造自己的品牌。自然也會有人選擇慢功夫，像俞蓮舟這樣低調做人，踏實做事，看得見自己優點的人自然看得見：領導看得見你的能力，同事看得到面冷背後的心熱，競爭對手也看得到你的原則。

要知道，低調是隱藏自己的光環和鋒芒，讓自己看起來更溫和，卻不是因為無能而做的無奈選擇，也不是無底線的退讓。職場上的低調、沉穩、不咄咄逼人，何嘗不是一種高情商？

拼實力才是最好的職場捷徑

捷徑能幫人省時省力地直抵終極目標。怎樣才算捷徑？《天龍八部》裡，段譽出身皇族，生下來就是皇位繼承的候選人，利用家族的資源實現夢想，不能不說這是人生捷徑之一。慕容復也想當皇帝，因為沒有家族資源，只能自己東奔西跑各種使勁兒，想走出一條通往夢想的捷徑，結果路跑偏了，最終沒能如願。

是啊，大多數人都沒有資源，也沒有好運氣，在職場上還有沒有捷徑可走？夢碎後的慕容復一定會告訴你沒希望的。但是喬峰卻會說：「天底下還有一條路徑可以通向成功，且人人可行，那就是拼實力。」

拼實力？聽起來就令人頭大，這明明像是點燈熬油地拼苦力，難道還能算得上捷徑嗎？跟通過拼運氣和拼資源實現目標比起來，拼實力明明就是既不省時又不省力嘛！

來看看喬峰，他勤奮學藝十幾年，不到三十歲就憑藉實力征服了丐幫前幫主和一眾有人事投票權的長老們，坐上了丐幫幫主之位，雖然跟拼運氣、拼資源這種職場捷徑比起來更慢、更累，但他自始至終都是圍繞終極目標在心無旁騖地奮鬥，通過日積月累，從未走彎路，終於實現目標。對於我們絕大多數沒資源、沒運氣的普通人來說，這不就是最好的借鏡嗎？

你說喬峰交友廣，有資源？沒錯。他人脈圈子裡的人隨便拎出一個來都很牛，比如遼國皇帝耶律洪基、金國皇帝阿骨打、大理國皇帝段譽，但這都是他已經實現職場終極目標，成為丐幫幫主之後的人脈圈子。

你說喬峰不是丐幫前幫主——汪劍通幫主的弟子嗎？這不也是他與眾不同的資源嗎？至少是起點高，非常接近權力中心，而且前幫主一開始就有意識地在栽培他。但是對於他來說，這個資源反而對他特別不公平。正因為他是汪幫主的弟子，所以汪幫主的執念成了他實現夢想的巨大阻力。因為喬峰有一個條件達不到——他是契丹人，而汪幫主和有人事投票權的長老們認為僅憑這一條他就不符合競聘幫主的資格。就好比說，公司內部擢升幹部時要求博士以上學歷，你只有本科或碩士學歷，以這一條而言過不去就是過不去，除非升遷操作時有補充說明，對公司有特殊貢獻者可以破格聘用。

可別提喬峰這個跟前幫主的關係，這對他來說，某種程度上可能是掣肘。他的職場晉升不順利，跟汪幫主有很大關係，因為汪幫主用人講究出身，認同「龍生龍鳳生鳳，老鼠的兒子打地洞」這種落後觀念，而喬峰的親生父親是契丹人，是中原武林的大對頭。汪幫主這一觀念當時影響了很多人，敵人的孩子能可靠嗎？我們怎能放心地把漢人的幫派交給契丹人去管理呢？所以，汪幫主雖然覺得喬峰能力強，但又不能不考慮喬峰的出身。

職場上是有破格任用這種事情的。規則既然是人定的，也就可以由人來改寫和打破。黃蓉幫主胸襟豁達，就能不拘一格地用人。在她的繼任幫主不幸因公殉職後，幫中要另選新幫主，她又跑出來當顧問。結果選了誰？選了她的親女婿——耶律齊。耶律齊的身份跟喬峰一樣，也不是漢人，但丐幫上上下下根本沒人介意。可見身份不是問題，最高領導人的胸襟才是問題。但是喬峰沒有機會獲得破格任用。

再說喬峰的運氣，這確實是個倒楣的英雄，能力好，人品好，就只是得罪了命運女神，運氣很不好。明明可以輪到他晉升的，指標莫名其妙就被上頭給了別人。說好三年一晉級，到他這裡突然又變成五年一晉級了。總之，原本他與最上端的位置只有半步距離，而職場現實卻生生讓他將這半步距離跑成了馬拉松。

好不容易熬到最高層要退休騰位置了，無奈大佬是糾結體質和強迫症，心裡雖然滿意他，卻一再猶豫，不停地出難題考驗他。如果不是汪幫主糾結喬峰的家庭出身，人為地製造門檻，而將喬峰晉升的事情一拖再拖，那麼以喬峰的能力、人品和社會輿論對他的認可，坐上丐幫幫主的位置根本不需要這麼大費周折。

所以，一靠不上運氣、二指望不上資源的喬峰，他的職場奮鬥史完全就是拼實力的過程，他本人也由此逐漸從優秀走向了卓越，最終贏得前幫主和眾高管們的一致認可。不然，他想要當上幫主的機率甚至比任何一個普通丐幫弟子都要低。大家要知道，丐幫的職位上升，一般都是從基層幹起，一個口袋一個口袋地往上熬，直到熬到九袋長老，才慢慢地接近幫主這個權力中心，雖然慢，但是有機會。而喬峰雖然是前幫主汪劍通的弟子，一開始卻連進入丐幫系統的入門券都沒拿到。

這樣，拼實力便成了喬峰最終取勝的唯一通道。雖然前幫主汪劍通和眾長老將不信任全都寫在臉上了，但並沒有影響到不拘小節的喬峰，他每次接到任務都是痛痛快快地去幹，然後痛痛快快地回來交上完美答卷。就這樣一拖再拖，長官的試卷出了一套又一套，汪幫主終於無題可出，糾結體質和強迫症也就自動痊癒了，同事們全都心服口服，至此，喬峰才坐上最高領導的位置。

坐上公司的第一把交椅自然不容易，但沒見過喬峰這麼不容易的。丐幫一位資深高管回憶說：「當年汪幫主試了他三大難題，命他為本幫立七大功勞，這才以打狗棒相授。那一年泰山大會，本幫受人圍攻，處境十分兇險，全仗喬幫主連創九名強敵，丐幫這才轉危為安。」在職場上，我們絕大多數人都是沒有資源、沒有運氣的普通人，與其做夢等著突然有一天獲得青睞。

走個門路就能拓展出資源，還不如踏踏實實、心無旁騖地去夯實自己的實力，畢竟實力才是職場上最寶貴的財富。像喬峰一樣，從一開始就不靠天不靠地，不靠資源不靠運氣，最終憑實力實現終極目標，不走彎路，這難道不是一條最踏實、最好的捷徑嗎？

理性的觀察者才能活到最後

江湖如職場，處處不容易，除非是像郭芙這樣的俠二代，外公是島主，父親是大俠，母親是幫主，一出生就站在別人奮鬥的終點上，有老爸老媽和外公願意替你負重前行。但絕大多數人都是雨裡赤腳奔跑的孩子，頭上又沒有傘，所依靠的只能是自己跑得更快一些，所想的只是往什麼方向跑才能更快地找到避雨的地方。

要在一個江湖門派或者一家公司裡發展，大家所面臨的問題和解決問題的思路是相似的。除了要不斷提升自己的核心競爭力，還需要獨立思考的能力，而獨立思考往往又基於理性的觀察。我們需要觀察什麼？觀察自己所處的行業或公司是在上升期、增長期、爆發期、平台期還是衰落期，觀察自己所從事的業務在行業內算是核心業務、支持業務、邊緣業務還是新興業務，也觀察公司內部的人事變化和人際關係等。有理性的觀察，加上獨立的思考，才會對職場形勢做出有效的應對，從而確保自己往有利的方向發展。

《笑傲江湖》中的日月神教曾有過一場大的人事變動。時任副教主的東方不敗鬧過一場革命，將原來的教主趕下台，自己就任教主了。權力更迭後，教中的人事經過一番大洗牌，重要位置自然替換上了東方不敗的嫡系，連辦公中心的侍衛們也全換了一票年輕人。很多前任教主倚重的人，如果打算留下來，只能趕緊向新老闆靠攏，以保平安。

老闆換了，規矩改了，很多人看不清形勢，對教派和個人的未來都沒有把握，索性辭職走了。隨著辭職的人越來越多，終於釀成一場大型的離職潮。如果你身處其中，面對兩任教主權力更替的特殊時期，你將如何根據自身的情況來應對這一形勢？人心惶惶之下，你是走是留？

在日月神教變天之前，其實就已經有聰明人預測了局勢的發展。這個聰明人就是神教右使向問天。向問天的位置很重要，僅次於教主和副教主。他的聰明也是大家公認的，現任的東方教主也親口誇讚他是除自己和前教主外第三聰明的人。

向問天是前教主的人，而且忠心耿耿。在東方教主鬧革命之前，向問天就發現了蛛絲馬跡，並不斷地提醒教主，可惜一直被教主誤解，使向問天的忠心和才幹無法發揮出來。在這種複雜的形勢下，他選擇了辭職。

冷眼旁觀局勢，不人云亦云，也不被自己對公司、對領導的情感束縛住，義氣、感情是一回事，個人前途、發展是另一回事，二者絕不混淆，這樣才能找到更適合的發展之路。反面的例子就是令狐沖在華山派明顯已經受到領導和同事的排擠和質疑，仍然情感戰勝理智，導致無法理性地判斷未來出路，處處拖泥帶水，做了很多無謂的犧牲，平白無故地耽誤了個人進程。

鑒於華山派令狐沖不能看清職場局勢的經驗教訓，為了更好地抗擊職場風險和發展，我們需要將自己鍛煉成一個理性的、有大局觀的職場人，能從日常業務瑣事中跳出來，理性地觀察、思考和判斷職場形勢，知道自己言行的分寸，也知道自己真正想要的是什麼，少走或不走彎路。那些一味沉浸在業務中，只懂得低頭幹活兒不抬頭看路的人，是容易掉進坑裡的。

如果把事業選擇當作一種自我投資，通過這些觀察，你就能夠知道什麼時候是最佳的進場時機，什麼時候是你身價的最高點，什麼地方是你的下一個中轉站。向問天所選擇的是在新老闆上任前退出，這個時機剛剛好，如果再晚一點，權力發生了更替，以他的身份，即便向新教主投懷送抱，估計新教主也會心存芥蒂，畢竟他是前教主的左膀右臂。向問天的退出很明智，因為這樣他不僅保存了實力，而且最終贏得了東山再起的機會。

公司人事震盪對於不同級別的員工來說，都是一個令人困惑的局。當局者迷。大家都在爭權奪利時，我們但凡有資格去爭，也跟著一擁而上嗎？大家都在向新長官靠攏，或者紛紛加入離職大軍時，我們也跟著去靠攏新勢力或者直接遞辭職報告嗎？到底是走還是留？到底是跟著大多數好還是靠腦子分析好呢？

身在職場金字塔的塔底，我們不一定像高層那樣敏感，也沒有更多的管道獲知內幕資訊，我們可能根本沒有能力對職場形勢做出正確判斷和決定。更可怕的是公司裡已經風起雲湧，我們不但沒有危機意識，更沒有及時做出任何防範措施。

職場從來都不是舒適的避風港，無論你是不是向問天，你都得做個有心人，看清楚形勢的變化，以便在關鍵時刻及早打算。職場如弈棋，每一次落子，每一步進退，都要百般思量、權衡利弊。識時務者通常能從複雜的形勢中撥開迷霧，發現真相，抽絲剝繭，看到本質，然後做出最有利於自己的選擇。

點破職場迷津

📖在焦慮狀態下，判斷會失去理智，節奏會被打亂，即便努力去做，也很難達到理想效果。核心競爭力是勤奮的結果，是思考和實踐的結果，光是一天到晚地狂熱焦慮、投機取巧、蠅營狗苟，怎麼可能擁有核心競爭力呢？

📖是要一片天空自由翱翔，迎接市場殘酷的風雨洗禮，還是依託於公司或他人，在控制之中享受短暫的靜好歲月，這雖然是每個人的自由意志，但是，只有將職場的掌控力留給自己，才會給人生帶來真正的希望。

📖低調是隱藏自己的光環和鋒芒，讓自己看起來更溫和，卻不是因為無能而做的無奈選擇，也不是無底線的退讓。職場上的低調、沉穩、不咄咄逼人，何嘗不是一種高情商？

📖在職場上，我們絕大多數人都是沒有資源、沒有運氣的普通人，與其做夢等著突然有一天獲得長官青睞，走個門路就能拓展出資源，還不如踏踏實實、心無旁騖地去充實自己的實力，畢竟實力才是職場上最寶貴的財富。像喬峰一樣，從一開始就不靠天不靠地，不靠資源不靠運氣，最終憑實力實現終極目標，不走彎路，這難道不是一條最踏實、最好的捷徑嗎？

CHAPTER 8

資源和本事，一樣都不能少

第八章

沒有資源，創造資源。
沒有本事，練習本事。
在職場晉升之路的「打怪升級」中，並沒有無緣無故的成功者。

媳婦熬成婆的魯有腳

通往金字塔塔尖的路有無數條，有的人職場晉升靠的是巧勁兒，六分本事，三分資源，外加一分運氣，但魯有腳長老卻是循規蹈矩地按丐幫人事晉升路線一步步熬出來的，終於熬到了九袋長老，然後又熬了無數年，才總算坐上了丐幫幫主之位，這真不知是前幫主黃蓉的饋贈，還是歲月的饋贈。

魯有腳職場晉升的「熬」字訣功夫，不可謂不深。要說這個功夫看起來笨，卻也不簡單，要花心思和時間去揣摩，而且也要跟人的性格、氣質和悟性相稱才好。就好比說，洪七公練武功是陽剛的路子，峨眉派滅絕師太就是陰柔的路子，他們互換武功練就不行。職場功夫也一樣，有的人適合「巧」字訣，有的適合「闖」字訣，魯有腳就真的很適合「熬」字訣。

黃蓉雖然機敏過人，卻無法用「熬」字訣來決勝職場，那樣估計會把她熬成死魚珠子。張三豐也是無法練「熬」字訣的，這門功夫跟他性格不搭，如果他學「熬」字訣，那樣就出不了太極宗師，最多只是少林寺多了一個挑水和尚而已。耶律齊不需要「文火慢熬」，他適合「猛火爆炒」，有丈母娘黃蓉的提攜，稍微出息些就在幫主競選大會上輕鬆勝出了。

魯有腳在丐幫任職幾十年，如同文火煨牛肉一般，很有耐心，慢慢練就了一身很好的「熬」功夫，最終「熬」出了自己的精彩。不過，這在很多職場年輕人的眼裡，這個「熬」字訣超級蠢，一點兒也不酷。大家想要的是晉升的捷徑，一旦短期內晉升不了，就迅速地歸結為：到達「天花板」了。魯有腳並不在乎「天花板」理論，而是紮紮實實地咬著牙「熬」下去。所以，很多人都覺得他不知變通，沒腦子。他的上司——丐幫幫主洪七公就公開說他「魯有腳有腳沒腦子」。

在職場上，「熬」字訣確實是苦功夫，熬的是歲月，也是心血。大多數人在年輕的時候，根本不會選擇魯有腳的「熬」字訣，總覺得才華不凡的自己一定會有伯樂來賞識，如果在一家公司裡不能晉升，轉身就跳槽走了。而在多年折騰後，不經意間再回頭去看還在最初那家公司苦熬的同事，發現他一點一點地做出成績來了，從不起眼的小兵坐到管理崗位上，很像魯有腳，不知道熬了多少歲月，終於坐上了丐幫幫主的位置。

魯有腳是沒背景、也沒大才幹的普通人，起跑時就慢，又不如人家靈光，不靠「熬」，還能靠什麼呢？所以，他的晉升「熬」字訣裡有很多不得已。天道酬勤，歲月饋贈給了他九袋長老。職場上他第一次感到晉升尷尬的事情是熬到九袋長老中的首席長老時，他發現上司洪七公比自己還年輕，這次是真的頂到「天花板」了。雖然如此，但他的心態非常難得，他當了很多年副手，仍能忠心耿耿地把自己當作丐幫的公僕，為丐幫群眾服務。

不知道該算魯有腳好命還是倒楣，掌舵的居然會跟他暗示過，自己退休時就提拔他當下一任接班人。這個暗示其實全單位的人都知道，只是在位者最終沒有正式公示。夜長夢多，果然後來變了卦，一開始是批評魯有腳性格暴躁，缺乏做領導的氣質和格局，後來就乾脆派來空降兵，奪走了魯有腳即將收入囊中的幫主位置，辛苦「熬」了幾十年的夢想全泡了湯。這是魯有腳第二次感到職場晉升的尷尬。

跟空降來的新幫主黃蓉相比，魯有腳自己也知道爭不得，畢竟核心競爭力不如人。黃蓉雖然年輕，卻深得長官的信任，而且她大有來頭，是東邪桃花島島主黃藥師的女兒。按我們習慣的職場關係邏輯，魯有腳明明應該跟黃蓉有仇才對，然而，在魯有腳與幫主之位擦肩而過後，大家不僅沒有看到丐幫高層之間產生錯綜複雜的派系鬥爭，反而發現原本對立的兩個人之間連一絲火藥味都沒有，無論人前人後，還變成了職場最佳搭檔。

在新任幫主黃蓉面前，體現魯有腳驚人的「熬」字訣功夫的時機來了，他不僅甘願屈居於黃蓉手下，而且不求回報地替她打理了十餘年的丐幫事務。說白了，新幫主黃蓉其實等同於吃空餉，占著丐幫幫主的位置，卻在做自己家的事業，全身心輔佐丈夫守襄陽，名義上在管丐幫，實際上將整個丐幫的人力資源私有化，還直接將丐幫總部辦事處挪到襄陽。

魯有腳在職場之外對新任幫主以及幫主的家人也有著無人可比的忠心。身為丐幫堂堂長老，一人之下，萬人之上，給人的感覺卻像是郭靖、黃蓉的家奴，鞍前馬後，隨叫隨到。他曾千里迢迢地跟著黃蓉幫主輔佐她的未婚夫郭靖帶兵打仗，後來在襄陽辦事處工作時，還對郭家孩子們發揮了「故事機魯老伯」的作用，工作再忙，也要忙裡偷閒，為父愛、母愛缺席的郭襄講江湖故事。

「熬」到魯有腳這種境界的，還有什麼得不到的？後來，黃蓉因為要生二胎，老公的事業也需要她全力協助，她便將幫主的位置騰出來給了忠心耿耿的魯有腳。對於魯有腳來說，儘管前任幫主永遠以「太上掌門」的身份站在自己身後，但自己畢竟是名正言順地坐上了幫主之位，這一坐就坐到了人生的終點，好歹是在最高領導位置上離開的。

如果說魯有腳坐上丐幫幫主之位也算是一種套路，那麼「熬」字訣就是套路中的精髓。如同滴水穿石，練成「熬」字訣的關鍵便是「專注」二字，不計較得失，耐得住寂寞，將所有的時間和精力都花在一個目標上。

耶律齊：資源和本事一樣都不能少

說起耶律齊，不能不感慨，這是金庸小說中少見的抓了一手好牌而且又打得好的人。

耶律齊是跟楊過同時期的新生代偶像派武林高手，後來擔任天下第一幫丐幫的幫主。是的，他還有一層光環讓我們無法視而不見——他是郭靖和黃蓉的女婿。眾所周知，當時的郭靖和黃蓉的江湖地位已經十分顯赫。在耶律齊坐上幫主之位時，很多人或許會在背後指指點點：他一定是走了後門吧？不然他那麼年輕，江湖名氣也不大，憑什麼資本和能力就當上丐幫幫主，他還未必超過我呢！

就像在職場上，每當看到公司晉升名單裡有那些年紀輕輕的同事時，一些人免不了以酸葡萄心理不懷好意地評頭論足一番：「哼，他才畢業幾年，居然就當上科長了。」、「據說他是董事長的親戚。」、「他有什麼本事嗎，也沒見出什麼成績，不過就是聽話罷了。」、「據說他畢業的學校連二流都不是，嘻嘻……」得到晉升機會比較難，使勁兒地貶低他人總是比較容易，也不花成本。而他們所標榜的自己，好像真的就在道德和本事上勝過了別人似的。這樣，輸的不僅是資源，而且很可能也是本事。這是很不好的一種職場心態。

丐幫的魯有腳幫主不幸殉職後，需要馬上選出一位新幫主。選誰呢？怎麼選？誰來選？這不僅是丐幫幾十萬員工，也是江湖人士以及江湖媒體最關注的話題。吃瓜群眾首先想到的是丐幫內部招募，並逐個分析了熱門人選。但幾天後，丐幫人事部門發佈了招聘告示，面向社會公開招聘。這確實是丐幫別開生面的一場對外招聘活動。

這次面向社會廣納賢士的招聘大會在襄陽城舉行，主考官是丐幫前幫主黃蓉和幾位高管，主持人兼新聞發言人是高管梁長老，出席招聘大會的不僅有丐幫二千余名菁英，也有此前就在襄陽參加英雄大會的各派江湖人士。

新聞發言人梁長老當眾公佈了招聘規則，其中有幾個重點。一是面向社會公開招聘的合理性。他以黃蓉幫主為例做了解釋，黃幫主當年也並不是丐幫中人，但一樣憑本事坐上了幫主之位。二是公開招聘的原因。他說想要參考洪老幫主、黃前幫主這樣百年一遇的人物來選幫主，本幫中實在是找不出，只好擴大招聘範圍，不偈限在一幫之內選人才。三是公開招聘的流程——比武，公平公正地以能力定勝負。

在場的人都很激動，有幾千江湖英雄做證，這將是一場公平公正的幫主招聘大會。所以，這邊才宣佈完遊戲規則，那邊擂台上馬上展開了幫主競選的比武。丐幫是天下第一大幫派，擁有幾十萬幫眾，幫主這個位置誰不動心？尤其這是面向社會的公開招聘，自然就吸引了更多應聘者。

在場數千人，雖然不是每個人都來應徵，但還是不少。說不上幾千比一的錄取率，也得是幾百比一了吧。這個職位的競爭難度是相當大的。在普通觀眾的想像中，這場招聘怎麼也得比上一周，才能進行完初賽、複賽、決賽的全流程，然後再加幾輪面試，塵埃落定至少也得在半個月之後了吧。如果那麼想，那我們還真是低估了丐幫的辦事效率。丐幫的當務之急是馬上招聘一位菁英出任幫主，業務不等人，容不得半點拖拉。再說了，此次招聘由英明的前幫主黃蓉親自督陣，必定能高效地完成一系列繁雜的招聘流程。

最後大家看到，業務比拼中奪得第一名的是一個叫耶律齊的年輕人。通過公示的簡歷，可以知道這個人畢業於江湖上最著名的武學機構——全真教，他的導師是鼎鼎大名的周伯通，那可是武學泰斗王重陽的師弟。但有人提出來說耶律齊不是蒙古人嗎？大宋朝的幫派招聘幫主，卻招了一個蒙古人，似乎不合適吧？丐幫相關人士解釋說，不拘一格用人。確實誰招聘，誰擁有解釋權。

對於耶律齊來說，如何投簡歷、如何上場、如何通過面試筆試，每個環節的注意事項應該早就在郭靖、黃蓉家的餐桌上討論過無數次了。或者也還少不了智計無雙的黃蓉幫主對女婿的面試技巧做了重要指導，洩不洩題也不好說，畢竟丈母娘是首席主考官，女婿是面試者。

這次公開招聘的結果是主辦方意料之中的事情。在書中，金庸先生也揭開了這次招聘大會的奧秘，說是：「耶律齊是郭靖、黃蓉的女婿，與丐幫大有淵源，四大長老和眾八袋弟子都願他當上幫主。他又是全真派耆宿周伯通的弟子，全真教弟子算來都是他晚輩。凡是與郭靖夫婦、全真教有交情的好手，都不再與爭。只有幾個不自量力的莽撞之徒才上台領教，但都是接不上數招，便即落敗。」這樣意味深長的招聘規則，大家都懂。

招聘過程中雖然出了一點小插曲，但尚在主辦方把控之中，結果也沒有改變，這就夠了。當天結束招聘大會時，丐幫新聞發言人宣佈了結果，並給予了丐幫官方對耶律齊「文武雙全」的評論，表達了「我幫上下向來欽仰」之情，台下丐幫幾千幫眾完美地配合著一齊站起，大聲歡呼。

招聘大會結束後，其他門派的江湖人士自然也有一些不同的看法。少數人認為，耶律齊是丐幫幫主對外公開招聘的最大受益者，還暗指招聘規則就是為耶律齊量身定制的。丐幫底層的一些小員工難免也會有不服氣的。還有一些懷才不遇者，他們暗暗想的是：「這不就是靠著媳婦兒娘家的勢力上位的嗎？」

怎麼看這件事情的結果都是個人的自由。耶律齊的確成了此次丐幫招聘大會的受益者，但人家不僅坐上了這個位置，而且後來還坐穩了。我們常說人家富二代什麼的都是紈絝子弟，他們在事業上的成功無非都是借助了父母的資源，這中間一定有什麼誤會吧？你有沒有想過，如果讓你與耶律齊交換人生，你敢拍著胸脯說，你一定也會取得他的成就？再說，現在給你一個丐幫幫主位置坐，你能管好幾十萬幫眾嗎？

很多在背後指指戳戳的人，不妨看一下幾十年後的江湖高手、明教教主——張無忌對耶律幫主的評價：「聽太師父言道，昔日丐幫幫主洪七公仁俠仗義，武功深湛，不論白道黑道，無不敬服。其後黃幫主、耶律幫主等也均是出類拔萃的人物。……」很多時候，別人的成功其實並不是我們的想當然。

周芷若的「三十六」計

毋庸置疑的是，能在一個大公司或者大門派裡當家的人基本都有大本事，不然，別說公司的發展大計，就連日常營運和人事安排都得讓你頭皮發麻。

峨眉派是個大門派，人才濟濟，江湖地位也很高，第一任掌門人就是郭靖與黃蓉的小女兒郭襄女士。後面歷任掌門人基本都是手段淩厲的人，比如滅絕師太。而到第四任掌門人則變成了一個嬌滴滴的小姑娘——周芷若，旁人不知道的，還以為她有背景才坐上這個位置。其實不然。周芷若出身草根，入職又晚，在峨眉派並沒有根基，她得以擔任峨眉派掌門就是因為自身的能力，後來有江湖名人公正地點評說滅絕師太選人的眼光很不錯。

就像很多大公司的辦公室政治裡玄機重重一樣，有人說，峨眉派的掌門之爭在滅絕師太執政時已經持續了十幾二十年了，差不多就是一部宮鬥劇的劇情。而周芷若作為較晚入門的弟子之一，最後卻搶佔先機，不能不說她胸有韜略。

峨眉派太適合周芷若了，正像一個有天賦的學生選對了合適的大學、合適的專業，然後又遇上了合適的時代、合適的機遇，真是海闊憑魚躍、天高任鳥飛。不過，從她進峨眉派之初直到坐上掌門之位，到底經歷了什麼？這也是很多江湖人士心中的未解之謎。

周芷若一直是個文文靜靜、沒有存在感的小姑娘，每當遇到害怕的事情，說話都會打顫，淚水會在眼眶裡打轉。這種林黛玉型的柔弱、敏感，對於一個學武的人來說是種非常奇怪的氣質。這也符合滅絕師太挑選下一任接班人的標準？想想都不可思議。此外，周芷若還有一群對權力垂涎三尺、如狼似虎的師姐，她這種柔弱氣質看起來與峨眉派的環境格格不入。

在峨眉派師姐們內鬥最殘酷的階段，出了一個大事件——丁敏君借勢扳倒了紀曉芙。這時的周芷若還是個十歲出頭的小姑娘，剛剛進入峨眉派，尚未站穩腳跟，但這一切她已經看得清清楚楚。在這樣的環境裡，首先要做的是在峨眉派的內部爭鬥裡好好活著，然後才能積蓄力量向終點衝刺。師姐丁敏君已然認為自己高枕無憂，於是開啟了自我膨脹模式。膨脹得太久，就有點不明智，看不清形勢的變化，丁敏君完全沒有意識到小師妹周芷若的悄然崛起。她不敢相信的是，這個小師妹一向懦弱膽小，一說話就淚光閃閃，怎麼突然就與自己站在同一個舞台上競技了？

丁敏君終於把鬥爭目標定位在周芷若身上，峨眉派裡的「宮鬥局面」也發生了根本性的變化。其間劇情的千回百轉，對於丁敏君來說如同雲霄飛車一般。丁敏君鬥來鬥去，經過十幾二十年的苦心經營和艱苦鬥爭，無論如何她也不肯相信：滅絕師太最終將掌門之位傳給了周芷若。丁敏君徹底傻眼了，自己前面已經贏了九十九場，想不到的是，卻輸了最後的關鍵一役。所以，她不停地抱怨和咒罵老掌門滅絕師太是個糊塗蛋。

周芷若明明看起來那麼柔弱，為何能在職場上笑到最後？很多人以為她只是一個「傻白甜」，但無論從手段的高明和心思的縝密來看，她在峨眉派其實鮮有對手，所以，她最終跨越了自己和掌門人位置之間的遙遠距離。

滅絕師太是個女呂布，有勇無謀，根本沒有能力看懂周芷若。她將掌門之位傳給周芷若不過是誤打誤撞。但是周芷若卻知道，師太喜歡的是自己的柔弱膽怯、天真簡單、無欲無求。這樣自然就不會像丁敏君那樣犯了師太的忌諱——你是有多盼望我退休，好早點給你騰位置！最後，滅絕師太臨終前將振興峨眉派的重任交給周芷若時，心裡還非常愧疚：我怎麼忍心讓一個柔弱單純的弟子挑這麼重的擔子呢？

書中的男主張無忌雖然不笨，但他永遠也看不懂周芷若，周芷若留給張無忌心中的基本印象，就是一個我見猶憐的姑娘，百分百的「嫺靜猶如花照水，行動好比風扶柳」，所以才會一廂情願地想要保護這個林妹妹式的姑娘。反過來，周芷若卻知己知彼，百戰不殆。她比張無忌更清楚他的軟肋。

看懂周芷若的人不多，資深職場達人謝遜也是在她手上栽了些小跟頭後，才看懂了她最深的套路和連環計。周芷若在高超演技和非凡智慧的支撐下，完成了很多常人難以想像的大事。一個柔弱的小女子居然巧計頻出，在兩大高手的眼皮子下連環實施了三十六計的諸多妙計，如偷梁換柱、暗度陳倉、嫁禍於人、離間計、美人計……，輕鬆將江湖人士無法找到的屠龍刀和倚天劍都拿到手，完成了師父遺命，也練成了九陰白骨爪。

在取得掌門位置之前，她幾乎從未跟競爭者動過手。她在自己進取的人生中，精心布下了很大一盤棋，第一步是峨眉派的掌門位置，在這一步中，她本質上是所向無敵的。而第二步是練成倚天劍、屠龍刀裡的秘密武功，稱霸武林。但她的第二步最終越走越窄，整個人也徹底地公開黑化，成為天下名門正派的共同敵人。

眼看身為峨眉派掌門人的周芷若人設崩塌，掌門之位也岌岌可危，我們以為她可能會像李莫愁、梅超風那樣，道德、名聲、地位、人生全完了。然而周芷若人生中最精彩的反轉就在於，在這種被動局面裡，她可以哭得梨花帶雨，撲進被坑慘了的張無忌懷裡說：「無忌哥哥，我做錯了。你可以原諒我嗎？」然後抹著淚表示，她所做的一切是因為滅絕師太臨終前的囑託和她被迫發過的毒誓。

滅絕師太真是可憐，人都死了，還替弟子背了個鍋。看著周芷若誠心懺悔的樣子和高顏值的臉，所有人都有了徹底原諒她的理由。

任何一個在宮鬥戲中笑到最後的人，都有一定的智慧和手段。周芷若知道，示弱才能為自己贏得機會精心籌謀，實施晉升路上的三十六計；示弱才能處變不驚，化劣勢為優勢；示弱才會贏得長官的信任和其他同事的支援；示弱才不會引來丁敏君的攻擊，才能避開低效能的損耗，而把時間和精力花在更有意義的事情上——鋪墊好成功基石，繞過鬥爭，直取目標。

何太沖帶一打一另類升職

崑崙派競選掌門人的結果出乎意料，何太沖成為本次競選中的超級黑馬，一舉拿下了掌門人的位置。官方後來的記載稱這次競選完全公平公正，並沒有黑幕。但是我們都知道，何太沖坐上崑崙掌門位置的一個重要原因是在競選過程中，他選擇了跟人合作，並以團隊的資源和力量才獲得一路突飛猛進的機會。

說是團隊合作，事實上只有兩個人：一個是何太沖本人，另一個是他的同門師姐班淑嫻。他們如果單打獨鬥，可能誰都沒辦法贏得這場競選。於是，兩個人選擇了合作，這種合作有一點劉備聯合孫權對抗曹操的意思。在這個共同奮鬥的過程中，兩個人一起一點一點拉票，一點一點戰勝對手，又一點一點積累起人氣和威望，最終達到權力的頂點。跟孫劉聯盟不同的是，何太沖和班淑嫻既發展了互利互惠的戰友情，又收獲了愛情，最後走向婚姻殿堂。

在江湖上，何太沖不過是個才幹三流、人品四流的人物，他靠夫妻聯手而將崑崙派掌門牢牢抓在了手中。至於他們倆在崑崙派如何聯手、戰勝對手，最後搖身一變成為掌門人和掌門夫人，《倚天屠龍記》只有一段幾十字的描述：「眾弟子爭奪掌門之位，各不相下。班淑嫻卻極力扶助何太沖，兩人合力，勢力大增，別的師兄弟各懷私心，便無法與之相抗，結果由何太沖接任掌門。」

這段春秋筆法的描述背後發生過什麼樣的故事，是值得討論的另一個話題。我們要分析的是，何太沖坐上崑崙掌門位置的關鍵因素是什麼，也就是說為什麼這兩個才幹、品行、資源等並不算一流的人會在競爭中大獲全勝。

何太沖成功晉升到掌門一職，得益於開夫妻店的模式，他有一個在智力、精力、資源方面能全力支持自己的老婆，而且兩個人有共同的利益目標。這樣便最大限度地整合了夫妻倆的全部優勢資源。很明顯，對於何太沖來說，如果不開夫妻店，估計崑崙掌門人對他而言就只是浮雲了。

話說江湖人士開夫妻店的也不少，雖然模式大同小異，但各自能量不同，效果自然不同。要說夫妻店模式中，誰最會整合資源，估計還得數黃蓉。郭靖大俠和黃蓉幫主鎮守襄陽城，開的不就是一家超級夫妻店嗎？他們掌管著襄陽城官兵的調度，還掌控著丐幫數十萬幫眾，江湖上很多英雄好漢也都願意來效勞。在襄陽城，在整個江湖，這倆人就是超級大IP，全民追星追的就是「為國為民俠之大者」的郭大俠和丐幫幫主黃蓉。

黃蓉將整合的優勢資源和夫妻二人的時間與精力全部投在同一件事情上——開好襄陽城郭氏夫妻店，守衛襄陽，保家衛國。黃蓉雖然領著丐幫數十萬幫眾，但因為她將丐幫事務幾乎全部放權交給了自己的副手，這一攤業務不僅沒有分走她的精力，相反，她還能將丐幫全幫的資源變成他們夫妻店的重要助力。此外，黃蓉還與業界大佬們都建立了深情厚誼，洪七公是師父，一燈大師是伯伯，全真教的周伯通是郭靖的拜把子兄弟，老爹黃藥師就更不必說了。有這麼強大的資源，他們開夫妻店還能有不成功的嗎？

所以說，善於整合優勢資源確實是事業做大做強的必需條件。整合的資源越優質，成就的事業就越大。不妨想像一下，如果當年直男代表王重陽與女俠林朝英開成了夫妻店呢？他們強強聯手，整合優質資源，將全真教和古墓派兩份大事業合而為一，當時的江湖格局會變成什麼樣呢？

江湖人士的夫妻店有大有小，小的夫妻店也是有的。但是很多小的夫妻店誰又敢小覷？就好比二十四小時連鎖便利商店，最初也只是小小店，而今遍地開花。從桃花島私奔出來的陳玄風和梅超風組建了「黑風雙煞」夫妻店，能量之大，令人聞風喪膽。當然，夫妻店也有失敗的案例，比如，著名的絕情谷谷主公孫止和夫人裘千尺互為對方人生的差評師，最終將祖傳下來的大好基業絕情谷毀於一場大火。再比如，藥王門大師姐薛鵲和二師兄姜鐵山不僅沒做成夫妻店，而且兩人後來分崩離析了。

何太沖、班淑嫻借夫妻店模式，確保了何太沖的職場晉升，坐穩崑崙派掌門之位，將偌大一個經營了幾百年的崑崙派事業握在自己手中，這既是職場晉升中的特殊經驗，也是投資小、回報大的好生意，尤其適合創業領域。因為夫妻是同門的師兄妹，能力、智商等樣樣都稱得上勢均力敵。情投意合結成夫妻後，混的仍然是同一個學術圈子，你耕田來我織布，你會桃花島武功，我會降龍十八掌。兩個人要麼就一起經營，拉選票，競選一下本門派的掌門人；要麼就找個山頭自立門派，過些年保不齊就成了江湖上赫赫有名的連鎖店了呢。

何太沖、班淑嫻以夫妻店的模式披荊斬棘，殺出了一條職場晉升之路，核心經驗其實就是整合和優化資源，合力突破目標。這給現代職場晉升的啟示是共贏思維，找到共同利益者，共同完成目標，共用勝利果實。

看起來毫不費力也會咬牙和血吞

我們仰視成功者時常常會不自覺地神化他，覺得他總是能毫不費力地做好我們做不到的事情，但是成功者真實的狀態卻是光鮮背後其實也是普通人，也灑過淚水和汗水。他們在人前所呈現出來的毫不費力，事實上都是全力以赴的結果。畢竟，這個世界上天賦異稟的人還是少數。我們抱怨自己資源不如人、天分不如人的時候，卻不知道自己還有很多未盡全力的地方。

《笑傲江湖》中，華山派的令狐沖在職場「小白」時期，跌過無數跟頭，被同事坑，被長官打擊，處處不順心，不僅升職漲薪無望，而且還被高層毫不留情地炒了魷魚。但他最終通過努力，逆襲成功，坐上恒山派掌門之位，活成了我們當下勵志偶像的模樣。

如果他能把自己的心路歷程寫成書，這書就一定是最暢銷的勵志書，他也妥妥地成為斜槓青年——暢銷書作家和青年導師，可以巡迴演講、簽名售書。要說他為什麼會被廣大粉絲接受，主要還是因為他夠接地氣，在普通青年心中，令狐沖既不是神，也不是高冷學霸和富二代，能讓普通人看到努力是有希望的。

如果天天拿郭襄創立峨眉派的故事來激勵我們前行，我們可能只會越看越覺得未來的人生路毫無希望，因為這些優秀的人不僅比我們有資源，還比我們更努力，所以人家才能成功。相比之下我們似乎又醜又笨又窮，家裡還沒背景，這輩子活該受苦。

而令狐沖不一樣，他過去確實很窮，還是個倒楣蛋。他曾經是華山派的員工，由於跟不上主管的思路，也不懂得為上級排憂解難，所以遭到了嫌棄，還被開除了。這段經歷讓他多年來的心理陰影面積大到無法計算。

因為是被長官炒魷魚出來的，所以令狐沖無論走到哪裡，都被人瞧不起。就連曾經給他寫過表揚信的相關企業高層後來見他，也跟岳不群同仇敵愾地罵他一句，甚至不許自己的員工跟他有來往，把他當成了一個超級大細菌。這都是華山派領導的江湖影響力導致的。得罪了大佬級，就得罪了小半個江湖。令狐沖都沒法在圈子裡混了！

這樣的人生可以用暗無天日來形容。沒有父母兄弟，失去工作，還生了重病，連還能活多久都不可知。一個抓了一手爛牌的人，最後卻反敗為勝，成為人生大贏家。

就因為這些，令狐沖的人生才讓我們有深深的共鳴：在成長過程中，我們要感謝一切折磨過自己的人，也要配得上自己所受的苦。你看，如果當年令狐沖沒有遭遇變故而被迫離開華山派，那麼他可能就會一直安逸地待下去，庸庸碌碌。

這樣所謂的穩定，不就是在浪費生命嗎？但是，一切就都像我們所見到的那樣嗎？令狐沖倒楣了，吃了苦頭，然後時來運轉，不飛則已一飛沖天了。從倒楣到一飛沖天的轉折，真的就只是憑運氣嗎？真的都是毫不費力得來的嗎？不是的。令狐沖的經歷裡，有很多我們誤會了的東西。比如我們只是看到開頭的倒楣，看到美好的結局，而忽略了中間人家咬著牙艱苦奮鬥的過程。

很多人都這樣理解，令狐沖最後當上恒山派掌門人，不過是一個普通青年因為運氣好而逆襲的結果。有沒有發現這句話好熟悉？很多成功人士在紅毯上、在鎂光燈下熠熠發光時，都是這麼總結自己的成功經驗的，他們都說：這麼多年來，我能取得這麼一點點小成績，真的只是我運氣好，遇到了這麼多幫助我的好心人。是的，他們都喜歡把自己成功的原因歸結為運氣好。但是我們當真了。任何人的成功都離不開努力，但很多人喜歡對外宣稱自己只不過運氣好，或許是真低調，或許是一種高級表演：你看，我運氣好就成功了，我的成功毫不費力！

令狐沖除了好運氣還有什麼？他究竟付出了怎樣的努力才讓最後的成功看起來毫不費力？令狐沖在華山派的山崖上，經由名師風清揚的指點，日日夜夜苦練獨孤九劍，使得他後來成了年輕一代中的劍術佼佼者。

如果他仍然只守著華山派學到的微末武功止步不前，那麼在他後來倒楣時，有什麼核心競爭力支撐自己來一次鹹魚翻身呢？正因為他武功底子好，加上性格率真，後來結識了很多高手，比如遇上了日月神教的前副總向問天。如果他武功太低，幫不上這位向大哥什麼忙，那麼又如何有機會學成吸星大法？如果他不思進取，武功稀鬆，定閑師太又怎麼會看重他，而在臨終前將整個恒山派託付給他呢？畢竟考量一個人是否適合管理一個公司，並不只看人品一項，更重要的還得看能力。

所有成功的人都是有準備的，幸運之神才最終眷顧了他。而我們對令狐沖、對一切成功人士總有一個誤會：我們以為自己的不順心只是因為運氣不好，等運氣來了自然也就逆襲了。至於遇到一個像任盈盈那樣的知心愛人，有顏值、有能力、有智商、有背景，如果我們本身一無所有，又不肯努力，即使花光所有的運氣遇見她，也沒法贏得她的傾心之愛吧？

在職場上，當我們看到某個同事做了個大項目，簽了大單子，掙了很多獎金，總會有很多人說：他不過是幸運罷了。其實我們心裡應該知道，他並不只是憑幸運而收穫這麼多的。因為我們見過他為了做成大項目，為了簽得大單子，曾付出了無數時間和精力。

成功不是等著突然有一天中彩票，人生也不是等著幸運女神的降臨。我們所有的懷才不遇終究不過是，我們的努力不如別人。

林平之的上層路線和群衆路線

職場上要有好的發展空間，除了業務能力，還有兩條路線——上層路線和群眾路線不能不重視。這兩條路線如同人走路需要兩條腿一樣，自然就沒有光用左腿不用右腿的道理。走好上層路線，保證上面有長官能看得到你的能力，覺得你是可用之材；走好群眾路線，是讓下面有人支援你，一旦你要帶個團隊，至少也要有人可用。

會走上層路線而忽略群眾路線有時還是個敏感問題，會被認為工作作風有問題；只會走群眾路線，卻得不到高層的欣賞和支持，也難以施展抱負。而林平之是個聰明人，將職場關係玩得溜溜轉，剛進華山派時，就將這兩條路線走得非常順。

在一個新的企業裡，走好這兩條路線必得先熟悉企業內部的各種情況。比如林平之剛進華山派時，先對華山派的情況摸了底：若論華山派在江湖上的地位，怎麼也得算第二梯隊的前幾位了。名氣大、地位高，掌門人出席江湖活動時，在主席台上是有重要座位的。但到了岳不群執政時期，業務上日漸衰落，還經常出現財政赤字，顧了面子撐破裡子。掌門夫人都穿不起綾羅綢緞的高級時裝，資深大弟子薪水低得喝個酒還得跟乞丐混，大家公務外出的吃住規格也比同行低得多。

華山派的財務情況不是秘密，長眼睛的人都看得見。新入門的小弟子林平之心裡暗暗做了一番盤算，打算替掌門人分憂。按說自己初來乍到，根基還沒穩，這種大事自然有師兄們去做，即便「公司」倒閉，還有掌門人和師兄們頂著呢。

但林平之知道，這就是自己的機會：華山派弟子幾乎都是草根家庭出身，一個個都是窮光蛋，沒錢沒資源，拿什麼為掌門人分憂呢？而他出身商人家庭，老爹曾是南方最大的連鎖鏢局的老闆，自己雖然眼下是落難公子，但終究瘦死的駱駝比馬大，自己不但有些私房錢，還有富庶的外祖父家可以依靠。

有一次，岳掌門想組織一場集體外出活動，卻發現「公司」帳面上空空如也，十分發愁。林平之看在眼裡，想長官之所想，急長官之所急，很體貼地跟上頭說自己可以提供資金。還有，如果長官願意賞臉去洛陽旅行，他還可以請外祖父接待，包吃包住，提供差旅費和免費導遊。岳掌門的燃眉之急頓時解了。消息公佈後，全派上上下下都沉浸在歡樂的海洋中。這樣免費旅行的福利，有些人進華山派十幾二十年，還是第一次趕上呢。

華山派的這次集體旅行——哦，不，該叫公務考察，畢竟是奔著辦公務去的——從陝西到河南洛陽，再一路南下到福建，行程幾千公里。幾十號人長達數月的差旅費全是林平之贊助的，不用刻意去強調，這筆巨額費用，岳掌門和師兄弟們心裡都是有數的。

林平之是商人的後代，雖然家破人亡後再沒機會成為家業繼承者了，但他繼承了老爹經商和投資的好基因。他老爹曾經教過他多交朋友，少結冤家，要人頭熟手面寬。這次「大出血」地資助華山派活動，解上級之憂，正是生意人的投資眼光，為自己贏得了長官的信任和師兄弟們的好感，幫他在華山派積累了必要的政治資本。

林平之這一招立竿見影，他立即成了華山派的團寵。岳掌門覺得他懂事，掌門夫人開始用丈母娘的眼神看他，掌門人的寶貝女兒岳靈珊覺得他比以前更帥了。畢竟「吃人家的嘴軟，拿人家的手短」，師兄弟們看他也就更順眼了。

林平之付出了，也拿到了他想拿到的，但他知道華山派還有一個人不爽，那個人就是大師兄令狐沖。不過他並不在意，也不打算要去贏得所有人的信任和支持，因為花不起那個時間和成本。既然大多數人的票已經在自己掌握之中了，剩下一兩個不服氣的人，那就讓他們不服氣去吧。長江後浪推前浪，前浪不也被後浪拍暈在沙灘上嗎？

大家都知道，來勢和發展都很迅猛的林平之已經穩穩地進入掌門人的核心圈了，華山派的人有傳言說，林平之不僅會成為現任掌門的女婿，還可能成為下一任掌門。對，他確實不是武功最高的，也不是資歷最深的，可是那又怎樣呢？

如果成為華山派岳掌門的女婿，不就順理成章地成為未來接班人了嗎？就像耶律齊做了丐幫黃蓉幫主的女婿，後來不也就輕輕鬆鬆地當上了幫主嗎？郭靖做了桃花島主的女婿，桃花島的武功、家學、地產不也都是他的了嗎？所以，在華山派，成為岳掌門的女婿，這個念頭曾在無數年輕人心頭轉過。

但是，這些競爭對手都被林平之輕鬆淘汰掉了。落難公子林平之將人生的牌愈打愈好，近乎成了岳掌門獨生女兒的夫婿，離下一任掌門人的位置還遠嗎？如果林平之想當華山派掌門人，前面這一路走來，投資不小，用心也不少，鋪陳這麼多、這麼久，也就只差岳掌門順手將他向上一推了。

雖然小說裡林平之最後沒有晉升到華山派掌門之位，但他所走的上層路線和群眾路線不能不說比較高明。他沒有走到權力的巔峰，只不過是因為他自己一開始就把終極目標定為復仇，他前期的上層路線鋪墊到一定程度後，沒有直取掌門位置，而是拐了一個彎——將矛頭指向了仇家。如果他一開始就盯緊掌門人之位，這兩條路線幫他達成心願並不是太難的事情。

點破職場迷津

如同滴水穿石，練成「熬」字訣的關鍵便是「專注」二字，不計較得失，耐得住寂寞，將所有的時間和精力都花在一個目標上。

我們仰視成功者時常常會不自覺地神化他，覺得他總是能毫不費力地做好我們做不到的事情，但是成功者真實的狀態卻是光鮮背後其實也是普通人，也灑過淚水和汗水。他們在人前所呈現出來的毫不費力，事實上都是全力以赴的結果。畢竟，這個世界上天賦異稟的人還是少數。我們抱怨自己資源不如人、天分不如人的時候，卻不知道自己還有很多未盡全力的地方。

成功不是等著突然有一天中彩票，人生也不是等著幸運女神的降臨。我們所有的懷才不遇終究不過是，我們的努力不如別人。

職場上要有好的發展空間，除了業務能力，還有兩條路線——上層路線和群眾路線不能不重視。這兩條路線如同人走路需要兩條腿一樣，自然就沒有光用左腿不用右腿的道理。走好上層路線，保證上面有領導能看得到你的能力，覺得你是可用之材；走好群眾路線，是讓下面有人支持你，一旦你要帶個團隊，至少也要有人可用。

笑看金庸
職場套路現學現賣

原著書名　笑熬職場：金庸小說裡的八大職場規則
作　者　南小橘
總經理暨總編輯　李亦榛
特助　鄭澤琪

主編　張艾湘
特約編輯　袁若喬
主編暨視覺構成　古杰
內頁排版　梟月設計

出版公司　風和文創事業有限公司
地址　台北市大安區光復南路 692 巷 24 號 1 樓
電話　02-27550888
傳真　02-27007373
Email　sh240@sweethometw.com
網址　sweethometw.com.tw

台灣版 SH 美化家庭出版授權方
IESG
凌速姐妹（集團）有限公司
In Express-Sisters Group Limited

公司地址　香港九龍荔枝角長沙灣道 883 號億利工業中心 3 樓 12-15 室
董事總經理　梁中本
Email　cp.leung@iesg.com.hk
網址　www.iesg.com.hk

總經銷　聯合發行股份有限公司
地址　新北市新店區寶橋路 235 巷 6 弄 6 號 2 樓
電話　02-29178022

印製　鴻源彩藝印刷有限公司
定價　新台幣 380 元
出版日期　2021 年 02 月初版一刷
文化部部版臺陸字號第 109057 號

(國家圖書館出版品預行編目 (CIP) 資料)
笑看金庸職場套路現學現賣 /
南小橘著 . -- 初版 . --
臺北市 : 風和文創 , 2021.02
面；　公分
ISBN 978-986-06006-0-5 (平裝)
1. 心理勵志 2. 自我成長 3. 職場成功法
494.35　109021966

我才是
新 BOSS